Un erizo en la tormenta

DRAKONTOS

Director:
JOSÉ MANUEL SÁNCHEZ RON

Un erizo en la tormenta

Ensayos sobre libros y ciencia

Stephen Jay Gould

Traducción de
Fani Manresa

CRÍTICA
BARCELONA

Primera edición: enero de 2012
Primera edición en esta nueva presentación: junio de 2025

Un erizo en la tormenta. Ensayos sobre ideas y libros
Stephen Jay Gould

Título original: *An Urchin in the Storm. Essays About Books and Ideas*

Av. Diagonal, 662-664, 08034 Barcelona (España)
Crítica es un sello editorial de Editorial Planeta, S. A.

editorial@ed-critica.es
www.ed-critica.es

ISBN: 978-84-9199-764-1
Depósito legal: B. 7.548-2025
Impresión y encuadernación: Arcangel Maggio Europa
Printed in Spain - Impreso en España

PEFC Certificado
Este libro procede de bosques gestionados de forma sostenible
PEFC
PEFC/14-38-00305
www.pefc.es

DESDE EL CORAZÓN DE LOS VESTIGIOS ANGLÓFILOS
DE LA TIERRA AMERICANA.
A MIS DOS INTELECTUALES BRITÁNICOS FAVORITOS,
ÁRABE Y JUDÍO DE ORIGEN.
«E PLURIBUS UNUM»

PARA PETER MEDAWAR, UN HOMBRE VALIENTE Y PERSPICAZ,
CON UNA «JOIE DE VIVRE» SIN IGUAL Y QUE SIEMPRE HA SIDO
UN MODELO PARA LOS HOMBRES DE BUENA VOLUNTAD.
PARA ISAIAH BERLIN, EL ERUDITO DE NUESTRO TIEMPO, QUIEN
ENTABLÓ AMISTAD CON UN JOVEN ALUMNO SIN POSICIÓN
Y RESUCITÓ AL VIEJO ARQUÍLOCO, QUE PERMANECÍA
EN EL OLVIDO DESDE LOS TIEMPOS DE ERASMO.
EN RECONOCIMIENTO A SU INSPIRACIÓN Y,
POR ENCIMA DE TODO, SU AMABILIDAD

CONTENIDO

TERCERA PARTE

DETERMINISMO BIOLÓGICO

CUARTA PARTE

CUATRO BIÓLOGOS

QUINTA PARTE

ELOGIO DE LA RAZÓN

PREFACIO

El manual de enseñanza del Ejército de Estados Unidos es un compendio de consejos prácticos e inteligentes de una institución que supera a todas las demás (probablemente incluso a las escuelas públicas, ya que la mayoría de los niños todavía sienten un poco de interés y curiosidad) en su necesidad de endilgar información a una audiencia indiferente y poco dispuesta. La primera norma de este manual es «no te disculpes nunca». Pero no encuentro otra manera de presentar un volumen de reseñas de libros, aunque mis disculpas solo sean una táctica antes de hacer un buen pase a la justificación.

Una vez escuché un discurso de Herblock, dirigido a aspirantes a periodistas, que trataba de quitarles de la cabeza la idea de que los artículos periodísticos pueden ser algo más que textos efímeros y sumamente olvidables. Citó un *motto* de la era anterior a las bolsas de plástico extrafuncionales: el papel de ayer envuelve la basura de hoy.

En el trayecto que media de Rupert Murdoch al rey Jaime I de Inglaterra, el género de reseñas de libros antiguos se ha convertido prácticamente en algo efímero. Otro argumento en contra de la preservación de reseñas de libros reside en su carácter esencial; no hay otra actividad literaria tan desdeñable y repudiada (a menudo, con toda la razón) como la del crítico. Yo mismo me he imaginado a unos cuantos críticos de mis libros viviendo una buena temporada en las fauces de Satán, entre Bruto y Judas. El famoso chiste que hizo Max Reger a un crítico musical es un buen ejemplo del dudoso decoro de la crítica como actividad general, la actitud de la gente creativa hacia este género y su condición efímera (así como su utilidad final): «Estoy sentado en la habitación más pequeña de la casa, con tu reseña justo delante de mis narices, y pronto estará justo detrás de mis narices». Irónicamente, y según el viejo principio shakespeariano de protestar demasiado,* un rechazo tan vehemente solo puede indicar que las reseñas no se toman tan a la ligera. Charles Lamb dijo lo siguiente: «Las críticas me preocupan tanto como una quinientamilésima parte de un décimo de medio penique». Pero ¿por qué tendría que malgastar tanto ingenio para hablar de una actividad cuyo valor (si lo he calculado bien) considera como la cuarentamillonésima parte del de un antiguo penique inglés?

Los libros son la base y fuente principal de nuestras vidas de eruditos. Un comentario acerca de dicha fuente debería ser, en el mejor de los casos, informativa e instructiva, un signo de respeto hacia un producto básico. Me parece tristísimo que haya tantos críticos literarios parcos, pedantes, provincianos o prosaicos (añade tus propias pes, o cus, como quijotescos o quejicas) como para haber derrumbado con su rencor pendenciero lo que podría ser un género honorable; pero no creo que esto sea irreversible. ¿Por qué motivo los artículos que comentan otros libros no deberían pertenecer al ámbito del ensayo?

Para ganarse el estatus de potencialmente merecedores de conservarse, los comentarios tendrían que renunciar a lo que muchos consideran una característica esencial de la crítica de un libro: la relación detallada de sus contenidos y méritos.

* El autor hace referencia a la famosa frase que la reina pronuncia en *Hamlet*: «*The lady doth protests too much, methinks*». (*N. de la t.*)

Después de todo, la mayoría de libros también son efímeros. Con el paso de los años sus argumentos despiertan tanto interés como lo harían los diarios de las batallas de la Guerra de los Cien Años. Existe otro tipo de reseña que aprovecha el trabajo de otro escritor como gancho para tratar una cuestión concreta de forma más amplia. Aunque hacer tal cosa puede encender la ira del autor, con la generalización también puede ganarse el ascenso a la categoría de ensayo.

Como tengo debilidad por los temas generales, pero los encuentro vacuos a no ser que se centren en algún detalle interesante, siempre he intentado escribir reseñas en este estilo más expansivo. En este sentido, muchas veces me atrevo a esperar que los autores se sientan complacidos al ver que sus trabajos sirven como punto de partida para un debate más amplio, y no son carne de la tradicional relación de pros y contras.

Al menos soy consecuente, y proporciono a los demás lo que esperaría que hicieran conmigo. De entre todos los críticos que han reseñado mis libros, aprecio particularmente un extenso artículo escrito por el gran zoólogo británico J. Z. Young y publicado en la *New York Review of Books* sobre «Ontogenia y filogenia». Escribió una reseña increíblemente perceptiva sobre la relación que existe entre la embriología y la evolución, y solo se molestó en mencionar que yo había escrito un libro sobre esa misma temática en los dos últimos párrafos. Me hizo pensar (y no estoy siendo sarcástico) que había hecho algo de provecho escogiendo un tema sustancioso, que había pasado desapercibido durante mucho tiempo. Prefirió centrarse en una cuestión interesante dentro de una visión generalista y perdurable que en una pieza de, por y para sí misma, y para un solo momento. Como decían en el *Fausto* de Goethe: «*Verweile doch, du bist so schön*».

Estos ensayos no son fruto de un proceso tan inconsciente y espontáneo como la ontogenia de Young. Cuando un libro se agota tenemos que creer que su contenido y sus ideas están dotados de un significado perdurable que merece la pena tener en consideración (a pesar de que la mayoría de los que se tratan aquí siguen en las estanterías de buenas librerías, al menos en su edición de bolsillo). En cada capítulo utilizo un libro en particular para reivindicar un tema, pero el debate se organiza a modo de crítica de su contenido. También he escrito algunas recensiones en un estilo más convencional, pero no las he incluido en este volumen. Todos estos ensayos, excepto uno, se publicaron originalmente en la *New York Review of Books*. Por eso doy mi más profundo agradecimiento a Robert Silvers, un gran director de publicación que hace unas sugerencias magníficas y que, aunque a veces sea muy insistente, no cambiaría nunca ni una coma sin consultarlo antes. Espero que estos artículos alcancen el objetivo de todo comentario general, un subgénero fundamental de la reseña de libros.

Mi segundo argumento para justificar esta recopilación reside en la coherencia que se desprende de todos ellos como conjunto (al menos yo lo veo así) aunque las materias sean tan dispares. Estuve trabajando en ellos, de manera poco sistemática, durante toda una década, y aunque no me había impuesto ningún tema en concreto, la elección con criterio de los títulos que hizo Bob Silvers, junto con mi empecinada coherencia en el punto de vista, les dio una continuidad. A todo esto se le añadió mi idea de anotar un punto de vista particular sobre la naturaleza y la vida humana: el de un evolucionista comprometido que intenta entender los caminos curiosos de la historia como algo irreducible pero racionalmente accesible.

No creo en absoluto que la coherencia sea una bendición, ni que sea necesariamente una virtud en nuestro mundo complejo. Uno se ve forzado a ponerse en la piel del erizo del sobado aforismo que se le atribuye a Arquíloco y que han mantenido vivo durante muchos años eruditos como Erasmo o Isaiah Berlin: «La zorra sabe muchas cosas pequeñas, y el erizo solo sabe una, pero se trata de una gran cosa». La flexibilidad de la *Vulpine* (del latín *vulpes*, «zorra») puede ser la mejor virtud en un mundo tan diverso y peligroso. Pensad en lo que podrían haber hecho los grandes erizos de la historia, como por ejemplo Cortés y Pizarro, con las tecnologías de destrucción modernas.

Aun así, la coherencia (la elección del erizo) puede ser beneficiosa para el esfuerzo inocuo de forjar un libro con elementos que han sido escritos por separado y sin haber previsto su posterior reunión. Además la *erizamienta* de un naturalista puede que sea la forma más benigna de aflicción concebible.

Encontraríamos más consuelo en nuestro mundo extraño y arduo si pudiéramos creer (tal y como nuestras tradiciones culturales han intentado imponernos con tanta severidad) que la mentalidad humana es el resultado sensible y predecible de un proceso que ya desde el principio estaba programado para dirigirse a una meta concreta. La historia de la humanidad solo contempla el último segundo del año cósmico, con lo cual tendemos a identificar nuestros antecedentes remotos en la historia más reciente, no vaya a ser que tengamos que afrontar nuestro estatus de feliz casualidad de última hora. Sin embargo, la historia, con sus extravagantes senderos y sus reorganizaciones quijotescas, nos enseña una dura lección: a menos que Dios sea todavía más inescrutable de lo que nunca nos hayamos atrevido a pensar (o a menos que Él hubiera diseñado expresamente nuestra forma de pensar de manera que nunca pudiéramos captar la Suya), debemos dar por sentado que la historia de la vida no confiere ningún estatus especial ni predestinado a la inteligencia humana.

Para afrontar este asalto natural a las esperanzas tradicionales, el erizo adopta su postura típica: se enrolla sobre sí mismo como una bola, la nariz contra el ano, y saca las púas hacia el mundo. Esta metáfora que formuló el mismo Arquíloco es demasiado violenta y negativa. La postura del erizo también puede ser alegre y expansiva. Como el puercoespín de la leyenda, puede usar sus dardos a modo de Cupido. (Aunque los puercoespines reales no hacen tales cosas ni tienen relación alguna con los erizos. Como ya he dicho, el mundo no es nada simple: ni siquiera nos proporciona metáforas pertinentes.) El feliz erizo de este volumen se instala, al igual que la organización de estos ensayos, en tres afirmaciones relativas a la naturaleza y el conocimiento.

La primera son los caminos que sigue la naturaleza. Si la historia de la vida no se puede leer como una escalera ascendente hacia la sabiduría humana donde tienen lugar, uno detrás de otro, los pasos predecibles, tampoco puede ser que el polo opuesto del puro azar sea el orden certero. La historia de la vida es de una contingencia tan amplia (depende de forma crucial de las extrañas peculiaridades de la historia, que a su vez son bastante impredecibles e irrepetibles) que encauza distintos futuros en nuevos canales, primero superficiales y adyacentes a viejos senderos, pero, con el tiempo, más profundos e independientes.

A menudo el arte ha sabido entender mejor que la ciencia este tema fundamental. En *Regreso al futuro*, Marty McFly hace un tremendo esfuerzo para intentar preservar su propia existencia, reuniendo a sus padres de nuevo para asegurarse de que tenga lugar su propio nacimiento. En *¡Qué bello es vivir!* (que ahora se puede ver coloreada; si Frank Capra levantara la cabeza...), el ángel concede a James Stewart el deseo de ver cómo sería su ciudad si él no hubiera nacido. Stewart se queda atónito cuando ve las diferencias (todas ellas negativas), y el ángel le explica que «la vida de cada hombre está estrechamente ligada a la de muchos otros».

Las dos primeras partes de este libro agrupan ensayos que

debaten el carácter irreducible de la historia (así como los placeres y los retos de la contingencia) en sus dos campos principales: la tierra y la vida. La primera parte, «Teoría de la evolución», se centra en los puntos de vista historicista y estructuralista de lo que juzgo un paradigma erróneo: el paradigma funcionalista de la adaptación que todavía rodea la teoría darwiniana, y que irónicamente la separa del tema primordial de la vida: la historia. La segunda parte («Tiempo y geología») aborda la geología, y pone énfasis en la importancia de la narrativa y la singularidad histórica que establecen una estructura para el estudio científico del tiempo.

La segunda es explicar la complejidad de la naturaleza. Tradicionalmente, hemos relacionado nuestra creencia en un progreso lineal de la naturaleza con una explicación científica que se adapta a sistemas simples: el reduccionismo de la tradición cartesiana, que cree que la complejidad debe desmontarse a través del «análisis» hasta aislar los átomos que la constituyen y que producen el fenómeno a nuestra escala a través de cadenas lineales de causas, reguladas por las leyes de la naturaleza. No niego el poder (o, más bien, el gran éxito) que ha tenido la teoría cartesiana, pero sostengo que no ha sido capaz de explicar sistemas históricos complejos. Con esta afirmación no preconizo ni el misticismo ni la idea de que la naturaleza sea inexorable, sino que defiendo el apoyo a otras técnicas de historiografía de la ciencia igualmente poderosas (con sus propios trabajos acerca de interacción irreductible, jerarquía y contingencia resoluble) para romper la hegemonía de lo que llamamos, desde un punto de vista totalmente provinciano, el «método científico» (es decir, el dominio restringido de la tradición cartesiana, con sus temas principales: experimentación, controles en laboratorio, repetición y cuantificación).

La tercera parte explora las consecuencias, tanto sociales como intelectuales, de la teoría del determinismo biológico, que es la principal explicación cartesiana de la naturaleza humana. (El ecologismo de la tábula rasa también sería reduccionista, ya que centra el debate en la aproximación a una explicación general, y no en la de un sujeto específico.)

La cuarta parte trata sobre la vida y las obras de cuatro grandes biólogos que se esforzaron en afrontar las vicisitudes de la vida: dos científicos (McClintock y Just) que basaron su trabajo en una holística inteligible fundamentada en la aproximación taxonómica a la naturaleza, y dos representantes de las principales disciplinas de la contingencia: la historia natural y la medicina (Hutchinson y Thomas).

En tercer lugar he incluido un alegato general a favor del uso del racionalismo en las explicaciones: los ataques contra el reduccionismo pueden atraer a elementos extraños e ingratos. Mucha gente es consciente de los límites del cartesianismo, pero a pesar de ello sigue imbuida por un bagaje cultural y psicológico que tiene fe en una mente trascendente, ya se encuentre en nuestra propia calavera como en el cielo. Esto supone un desprecio a la racionalidad misma, y establece una falsa ecuación entre la racionalidad humana, calificada de asombrosa y única, y la necesidad de explicaciones místicas que trasciendan la base material de la realidad. No siento hostilidad hacia la fe en nuevos principios para explicar la mente, pero me rebelo contra nuestros potencialmente peligrosos deslices desde nuestra ignorancia actual hacia la reivindicación de la inefabilidad o incluso, dando un paso más allá, hacia una glorificación de lo no racional. «Complejo», «contingente», «interactivo» y «jerárquico» no significan «impenetrable»; más bien lo contrario, pues estas son las herramientas necesarias para alcanzar otro tipo de comprensión racional. Ninguna fuerza puede ser tan poderosamente destructiva, tan capaz de deshacer los esfuerzos pacientes de siglos de un solo soplo, como la irracionalidad, sobre todo cuando la respalda una «fe verdadera» que convierte conceptos como «patriotismo» y «religión» en peligrosas armas de destrucción masiva.

La quinta y última parte, «Elogio de la razón», se cierne alrededor del precipicio que empuja a la actitud racional hacia la complejidad (es decir, lo que llamé «holismo de Nueva York» en mi respuesta de pueblerino a Capra) por encima de la frontera de las falsas esperanzas, el misticismo, el timo de Rifkin, y finalmente la cordura feliz y paciente de Gardner.

Como neoyorquino que solía pasar los veranos en Jones Beach y que posteriormente estudió la paleontología de los invertebrados, tengo cierto apego provinciano a las criaturas marinas. Siempre me pregunté por qué se llama «erizos de mar» a los equinodermos globulares y espinosos. No conseguía ver qué relación tenían con los chicos abandonados de las calles de la ciudad, a quienes llamamos «erizos» en Estados Unidos, hasta que descubrí que en Europa los erizos se llaman así y que, además, la capa exterior espinosa de los equinodermos realmente se parece a los erizos cuando se sienten en peligro y se enrollan formando una bola.

Exprimiendo todavía más la frase de Arquíloco, voy a decir que el título de este libro intenta captar diferentes aspectos de la *erizonería* de un naturalista, como por ejemplo mi propia personalidad y bagaje. Pensé que temas como el antirreduccionismo y la contingencia histórica podrían definir mejor la forma más benigna de *erizonería.* Y digo esto porque creo que esta concepción de la naturaleza premia tanto el mundo de la zorra como el del erizo, las virtudes de una manera consistente de ver la vida junto con la increíble diversidad de resultados (una verdadera tormenta de resultados) que establece la contingencia impredecible en nuestra tierra. Podemos deleitarnos con todas y cada una de las piedras preciosas que existen, sin dejar de percibir la idea coherente y general de su estado.

Es evidente que la tormenta del título también tiene un significado negativo, pero cabe recordar que la estrategia del erizo ante el peligro no es ni una retirada ni una rendición: primero muestra un armazón duro, acto seguido pincha al enemigo y después se desenrolla a la gloriosa luz del día. No infravaloro los muchos niveles que tiene la tormenta. Aun así, como miembro oficial del gremio de los evolucionistas, debo reivindicar nuestra ética primaria y valorar la diversidad en todas sus formas. Katisha pensaba que «hay belleza en el estruendo de una explosión y grandeza en el rugido de un vendaval», pero más tarde, al escuchar el triste cuento del carbonero sibilino de Gilbert y Sullivan, se le deshizo el corazón.

PRIMERA PARTE

TEORÍA DE LA EVOLUCIÓN

I

¿CÓMO VIVE EL PANDA?*

Como Jano, muchos animales (entre ellos, Jesse James, Alejandro Magno y el panda gigante) deben mostrar al mundo dos caras distintas: la que les reclama la leyenda y la que les es propia por naturaleza. Las facetas exhortatorias son (por este orden y en un sentido amplio) honestas, nobles y tiernas; los rostros naturales tienden al hurto, la rapacidad y el hastío.

En la introducción del mejor estudio realizado hasta la fecha sobre el panda, George B. Schaller y sus colegas escriben:

> Hay dos pandas gigantes: el que existe en nuestras mentes y el que vive en su hogar salvaje. Suave, lanudo y con su peculiar estampado blanco y negro, con la cabeza redonda y grande y de cuerpo torpe y tierno, un panda se presenta como algo con que jugar y a lo que abrazar. Ningún animal ha conseguido cautivar al público de esta manera. [...] Sin embargo, el panda real, el que vive lejos de la civilización, ha permanecido esencialmente como un misterio.

The Giant Pandas of Wolong es un intento de desenmarañar el misterio que rodea al segundo panda, y proporciona un testimonio extraordinario acerca de otro fenómeno que a

* Reseña de *The Giant Pandas of Wolong*, de George B. Schaller, Hu Jinchu, Pan Wenshi y Zhu Jing.

menudo ha formado más parte de la leyenda que de la realidad. En la naturaleza solo sobreviven unos mil pandas, todos ellos repartidos en seis pequeñas regiones de bosques de bambú (con 29.500 kilómetros cuadrados en total) que se extienden a lo largo del extremo oriental de la meseta tibetana, aunque los registros históricos dan pistas de una distribución anterior dispuesta a unos mil kilómetros más al este, cerca de la costa del océano Pacífico.

La Reserva Natural de Wolong es el mayor santuario de pandas que hay en China, y alberga entre 130 y 150 ejemplares. En 1978, un grupo de científicos chinos iniciaron un estudio en profundidad sobre el panda de Wolong y, en diciembre de 1980, George B. Schaller, miembro de la Wildlife Conservation International, se unió al equipo de investigación chino que dirigía Hu Jinchu, del Nanchong Normal College. *The Giant Pandas of Wolong* aglutina todo el trabajo que ha realizado este equipo hasta la fecha.

Este libro trata del segundo panda, así que raras veces será encantador y placentero.

Se puede considerar más bien un tratado técnico, y no una contribución al distintivo género de libros populares que intentan describir la vida íntima de un naturalista con un ejemplar de otra especie en medio de la naturaleza (como es el caso de otro libro de Schaller, más famoso, llamado *Year of the Gorilla*). Nos podemos hacer una idea de con qué nos vamos a encontrar cuando leemos en la página 3 (proporcionaré una traducción si alguien me la pide) que «los arcos cigomáticos están distribuidos ampliamente, y posee una cresta sagital prominente [...] La típica dentadura carnívora (I^3_3 C^1_1 P^4_4 M^2_3 = 42, pero puede que P_1 no esté) ha sido modificada por la trituración y molturación de la comida». Y la incesante voz pasiva de la prosa científica convencional tampoco ayuda a configurar una redacción elegante y agradable, sobre todo en frases como «las aparentes picaduras son rascadas con la pata delantera o la trasera».

Incluso en el contexto de abundancia de la reserva de Wolong, los pandas son animales poco comunes y más bien elusivos. Así pues, no nos atrevamos a identificarlos con los peluches de juguete tan simpáticos de nuestros hijos. De hecho, tenemos que esforzarnos sobremanera para poderlos ver. Entre marzo de 1978 y diciembre de 1980, Schaller y compañía solo vieron pandas 16 veces, y entre enero de 1980 y mayo de 1981, el equipo ampliado registró 39 encuentros más. Con respecto a eso escriben: «La mayoría de nuestros contactos fueron breves: el atisbo de un animal cruzando un campo o deambulando por un sendero».

Por ello los investigadores deben confiar en métodos indirectos; en este caso, concretamente, en dos: uno, chapado a la antigua, y otro, más moderno. Por suerte, los pandas defecan extraordinariamente, y además lo hacen con tanta regularidad que su goteo proporciona una idea exacta del tiempo que han pasado en un sitio determinado. Creo que desde el momento en que reconocemos que esos cilindros marrones, en vez de los cuerpos de peluche que tenemos tan idealizados, son la fuente principal de pruebas de que disponemos para su estudio, el panda número uno (el de la leyenda) queda destronado definitivamente.

Schaller y su equipo atraparon seis pandas y les hicieron radio collares a medida. Esos aparatos sofisticados transmitían distintas señales durante las horas de actividad y descanso de los pandas. De los resultados que se obtuvieron en cuanto a registros geográficos y economía energética se pudo deducir que viven en zonas relativamente pequeñas: un promedio de unos 4,5 kilómetros cuadrados las hembras, y 6,1 kilómetros cuadrados los machos. Las hembras tienden a concentrar su actividad en un núcleo todavía más pequeño de su área, mientras que los machos deambulan con mayor profusión.

Durante gran parte del día, los pandas no hacen absolutamente nada que sea capaz de suscitar un interés más o menos sostenido por parte del ser humano. Durante los períodos activos, que representan alrededor del 60 % del día, se dedican sobre todo a comer bambú, y consagran el 40 % del tiempo restante a hacer todo lo demás. (Entretanto, emiten una cantidad ingente del trabajo que no han digerido por la salida de atrás.) En cuanto al resto de actividades, como viajar, marcar el territorio o, por ejemplo, el acicalamiento, estas solo representan un 1 o 2 % de un día normal. Como es evidente, en la época de apareamiento suceden más cosas: el juego esencial de traspasar la herencia genética de cada uno a futuras generaciones, al estilo darwinista, rara vez tiene lugar sin que pase algo interesante, haya un desgaste energético importante y, como ocurre en la mayoría de casos entre animales de nuestro tipo, se produzcan conflictos.

En medio de la monotonía que impone el bambú, cualquier cosa que la rompa despierta nuestro interés. Por ejemplo, nos entusiasmamos al leer la historia del panda que se puso a dos patas y arqueó la espalda para marcar territorio en un árbol. Casi gritamos de la alegría al descubrir que un semiadulto se deslizó cuesta abajo en la nieve, valiéndose del pecho y la barriga, cuando podría haberse limitado a caminar; además, *mirabile dictu*, una vez incluso volvió a subir la cuesta para hacerlo de nuevo.

Y aun así, en cierto modo me alegro de que la vida de los pandas sea tan aburrida para los humanos, pues nuestros esfuerzos conservacionistas no tienen demasiado valor moral si nos limitamos a preservar las criaturas que nos entretienen; estaré impresionado cuando mostremos tales atenciones a sapos con verrugas o gusanos escurridizos. Si seguimos apreciando a los pandas, incluso después de haber descubierto que no son (en el sentido del placer para el ser humano) esos seres cálidos y juguetones que creíamos que eran por su mera apariencia, estaremos siguiendo el camino correcto de respeto a la naturaleza. Y si además conseguimos admirar a los pandas por lo que son, e incluso aprender de ellos alguna de las lecciones que siempre nos enseña la diversidad de la naturaleza, entonces seremos capaces de entender por fin (en términos de beneficio tanto espiritual como práctico) lo que Huxley llamó «el lugar del hombre en la naturaleza».

Es más, el comportamiento monótono del panda como una máquina de comer bambú es precisamente lo que hace que sea aún más interesante desde el punto de vista de la teoría de la evolución. En ese sentido, lo que más me desilusiona del excelente libro de Schaller es su manera de abordar este punto crucial. Los pandas son miembros del orden de los carnívoros según su descendencia evolutiva, pero, en contra del nombre que los define, subsisten prácticamente a base de bambú. Llevar una vida totalmente contraria a la que se les supone por herencia los obliga a hacer un esfuerzo para procesar mucha comida, ya que su aparato digestivo no está diseñado para ser herbívoros. Por ese motivo, Schaller y otros hablan de tres dificultades esenciales:

1. Los pandas no pueden digerir de forma eficiente ni hojas de bambú ni pedúnculos. En concreto, dicen que «el panda ha mantenido el proceso digestivo simple del carnívoro: no dispone de ninguna cámara especial para retener la comida, ni tiene microbios simbióticos que lo ayuden a fermentar la celulosa para convertirla en nutrientes».
2. Por eso los pandas tienen que derivar nutrientes de los contenidos celulares fácilmente digeribles, y no de las valiosas paredes de las células. (Los pandas defecan mu-

chísimo porque no pueden digerir la mayor parte de lo que consumen.)

3. Las hojas y los pedúnculos contienen básicamente agua y carbohidratos estructurales. Eso significa que obtienen muy pocos nutrientes de grandes cantidades de comida.

Según los cálculos de Schaller, los pandas viven en el umbral del hambre. Se pasan todo el día comiendo bambú porque deben invertir cada hora de vigilia en este proceso, que les ofrece un rendimiento tan bajo. Schaller nos sumerge en este acontecimiento marginal, en un esfuerzo por determinar cuántas horas tiene que comer un panda (basándose en sus observaciones sobre la velocidad de búsqueda, la rapidez y medida de los mordiscos y el valor de la comida) para poder saciar sus requisitos mínimos. La cifra que resulta según sus cálculos es de 19,4 horas, desmesuradamente elevada si tenemos en cuenta que el promedio de horas que dedican a comer es de 15,4 al día. Este cálculo nos recuerda otro al que hicimos referencia anteriormente en este libro y del que se deduce que los pandas defecan más de lo que comen. Como es evidente, podemos deducir que en estos cálculos nos estamos dejando algo sin contemplar, a menos que los pandas subviertan las leyes de la física. Quizás un pequeño incremento en la velocidad o el tamaño del mordisco, o incluso la posibilidad de masticar dos pedúnculos a la vez, los sacaría del borde de la viabilidad. Pero el esfuerzo de Schaller demuestra de forma dramática que, aunque estén rodeados de comida, apenas extraen lo suficiente para sobrevivir.

No obstante, todo el discurso de Schaller avanza en el marco del modelo de adaptación imperante. Interpreta todo lo que hacen los pandas como procesos de adaptación a su curioso modo de vida, e identifica como objetivo principal de su estudio la premisa de «cómo se adapta el panda al bambú». Por supuesto, en un sentido trivial, los pandas se «adaptan» como forma de arreglárselas. Pero, vista así, la adaptación no tiene sentido ya que todos los animales tienen que apañárselas para salir adelante; si no es así, dejarán de estar entre nosotros. La simple existencia como testimonio de este concepto vacuo de «adaptación» es pura tautología. El auténtico significado de «adaptación» tiene que ver con el diseño que evoluciona de manera activa en función de las circunstancias locales, y no con el mero hecho de ajustar los rasgos heredados que no sean muy apropiados para satisfacer las necesidades habituales.

Como es evidente los pandas exteriorizan un repertorio de auténticas adaptaciones *secundarias* por encima de las primarias, como el insalvable dilema de intentar alimentarse de bambú aunque dispongan de un aparato digestivo carnívoro. Recogen, preparan y mastican con una eficiencia que ha evolucionado de manera activa, e incluso han inventado su famoso «falso pulgar» para favorecer tanto esfuerzo.[1] Pero a pesar del manto conceptual adaptacionista que rodea este libro, la cuestión más importante relativa a la vida del panda tal vez debería ser el mediocre cambio de funciones que ha derivado de una alteración mínima del aparato digestivo. No podemos hablar de adaptación cuando las estructuras anatómicas se ven neutralizadas por nuevas funciones que dejan atrás los diferentes usos que tuviera en el pasado. Cuando los órganos neutralizados funcionan de forma tan precaria, como en el caso de los pandas, apelar a la adaptación resulta todavía menos apropiado.

En un alarde de imprudencia, Schaller se quita las anteojeras conceptuales y tiende a presentar el dilema del panda de manera forzada: «Cuanto más tiempo retenga la comida en el aparato digestivo, más cantidad se podrá aprovechar; así que un intestino largo, como el de los herbívoros, puede serle de gran ayuda. [...] A su aparato digestivo le faltan adaptaciones físicas y psíquicas para procesar las ingentes cantidades de la dieta herbívora». (Los intestinos del ciervo pueden ser quince veces más largos que su cuerpo, y los de la oveja, unas veinte veces; los pandas forman parte de un grupo de carnívoros cuyos intestinos solo son de cuatro a siete veces más largos.) Pero la lealtad a la adaptación siempre acaba usurpando el espacio para cualquier discusión sutil de la historia, y eso nos hace volver al *«How sweet it is»* [¡Qué dulce!] que tanto prodigaba Jackie Gleason. En un momento dado, los autores incluso afirman que la incapacidad del panda salvaje de acumular grasa corporal se puede considerar un proceso de adaptación debido a su estabilidad en el suministro de comida. (Mencionan que los pandas del zoo sí que acumulan grasa, lo que demuestra que su fisiología no excluye la obesidad.) Me atrevo a sugerir una alternativa bastante obvia, que quizás un poco de grasa les iría bien, pero los pandas, que se pasan todo su tiempo de vigilia comiendo para limitarse a subsistir, no están delgados porque estén diseñados así, sino más bien porque deben arreglárselas con lo que hay.

El debate sobre la adaptación no es una trivial exquisitez abstracta de la vida académica. Recoge nuestras actitudes básicas hacia la historia. La biología evolutiva es la ciencia principal de la historia; irónicamente, la adaptación en sentido estricto degrada la historia al estatus de nimiedad, al ver la relación de los organismos con el medio como un problema aislado de optimización. Qué inapropiado es, pues, poner este candado metafórico al panda; una demostración de que las historias del pasado ejercen un compromiso extravagante con un presente imperfecto, basado en las ineficiencias que impone la herencia.

En 1827, Geoffroy Saint-Hilaire[2] escribió lo siguiente en un texto acerca de las limitaciones que la teoría impone a nuestra habilidad de observar: «Estos hechos que a primera vista parecen inútiles permanecen inadvertidos hasta el momento en que las necesidades y el progreso de la ciencia nos provocan para que los descubramos». Es el momento de rescatar la historia del poder subversivo de los espectáculos de Pangloss.

Todo el mundo sabe que las dificultades actuales del panda van más allá del dilema intrínseco que representa su pacto inquebrantable con el bambú (intensificado por la tendencia de la mayoría de especies de bambú a someterse a la floración en masa, con la subsiguiente muerte de plantas comestibles que dan lugar a largos períodos sin comida hasta que crecen las nuevas almácigas). En esta región de más de mil millones de habitantes, la gente ha talado los bosques de manera despiadada, lo cual ha obligado a los pandas a vivir en espacios naturales cada vez más reducidos. Las autoridades chinas, estimuladas por la opinión mundial y por su propio afecto hacia estos animales, han respondido de forma admirable, pero demasiado tarde. Lo más seguro es que el panda gigante sobreviva; tal vez lo haga en zoológicos y, en casos contados, en reservas naturales.

Puede que salvemos a la mayoría de las especies que nos interesan y nos entretienen, pero perderemos (estamos perdiendo ya a un ritmo acelerado) a un número incalculable de criaturas más pequeñas en las que apenas reparamos. Pero la salvación no estará en la naturaleza: los zoológicos están cambiando su función, y han pasado de ser instituciones de captura y exposición a convertirse en refugios de protección y propagación. Debemos aplaudir este cambio revolucionario del concepto y deleitarnos ante el éxito de tantos programas de reproducción. Sin embargo, me llena de tristeza la casi certeza de que las especies más conspicuas, como el panda, solo sobrevivirán bajo las directrices de los humanos. Alguna de estas razones es puramente práctica: los problemas de endogamia, o la desaparición de la variedad geográfica como sujeto de estudio de la evolución. Pero la razón principal es más profunda y difícil de expresar. «Natural» y «artificial» representan una dicotomía difícil de separar en las actitudes humanas. Si un animal sale de su ubicación históricamente apropiada, pierde mucho más que un hogar. Cuando la mujer sunamita construyó una habitación para Eliseo y la equipó con una cama, una mesa, un taburete y un candelabro, el santo le preguntó: «¿Qué se puede hacer por ti? ¿Necesitas una recomendación para el rey?» (2 Re 4, 13). Ella respondió, con hermosa concisión, que no quería nada, puesto que vivía plenamente satisfecha: «Me siento muy bien donde estoy, entre mi gente».

Recordando esta metáfora bíblica, no olviden que Eliseo se las arregló para que ella concibiera un hijo, y que más tarde lo resucitó de entre los muertos. Buena suerte para el panda.

2

DARWINISMO DE CARTÓN PIEDRA*

I

Darwin no empezó *El origen de las especies* con una fanfarria, sino con una cola de abanico:** la de las palomas. En el primer capítulo escribió:

> Siempre es mejor estudiar un grupo en particular. Después de meditarlo mucho he escogido las palomas domésticas. [...] He guardado todas las razas que he podido obtener [...] Me he relacionado con los aficionados más destacados, y he entrado a formar parte de dos clubs de colombofilia de Londres.

El público suele relacionar la mejor ciencia con las preguntas más amplias. Puede ser que los héroes de la ciencia sean los que se atreven a preguntarse cómo funciona el cerebro y dónde acaba el universo. Los científicos practicantes, sin ignorar los acertijos más profundos, saben que este tipo de cuestiones, por muy vitales y apasionantes que sean, son vacuas (al menos por ahora) si no se dispone de datos para probar hipótesis competentes, y ni siquiera sabemos dónde

* Reseña de *Vaulting Ambition*, de Philip Kitcher, *Myths of Gender*, de Anne Fausto-Sterling, y *Females of the Species: Sex and Survival in the Animal Kingdom*, de Bettyann Kevles.

** Juego de palabras del autor con «fanfarria» (*fanfare*) y «cola de abanico» (*fantail*). (*N. de la t.*)

podemos encontrar la información necesaria para hacerlo. El progreso de la ciencia, y esto es una paradoja para el criterio del profano, muchas veces nos exige que nos apartemos de cuestiones cósmicas de gran alcance: cualquiera que tenga medio cerebro puede formular «grandes» preguntas desde su sillón, así que ¿para qué acaparar todo el prestigio con actividades tan placenteras y prosaicas? Los grandes científicos tienen instinto para lo fructífero y factible, especialmente para las cuestiones más pequeñas que orientan los grandes temas de especulación y a veces los transforman en acción. Mientras Lamarck (que a pesar de todo era un buen empirista en otros campos) escogió un sillón como fuente principal para escribir su tratado sobre evolución, Darwin eligió las palomas y revolucionó el pensamiento humano. Las grandes teorías deben estar fuertemente ancladas en los detalles.

El trabajo seminal de Thomas Kuhn *La estructura de las revoluciones científicas* afectó de manera tan profunda a los científicos en activo como a los eruditos que inspeccionan nuestro trabajo. Antes de Kuhn, la mayoría de científicos seguían la tradición de colocar-piedra-en-el-radiante-templo-del-conocimiento, y habrían confesado que por encima de todo esperaban poder contribuir con muchos ladrillos, incluso quizás encontrar la piedra angular del templo de la verdad, el modelo reformista o alternativo del progreso científico. Ahora muchos científicos con vista tienen la esperanza de fomentar la revolución.

Como consecuencia estamos inundados de revoluciones, la mayoría de ellas autoproclamadas. Pocos programas de transformación han sido más abiertos, y muy pocos han luchado por objetivos tan claros en un orden lógico tan consciente como la sociobiología humana tal como la ha propuesto Edward O. Wilson. El objetivo era muy atrevido, pero su exposición muy simple: conseguir la reforma de nuestra noción de naturaleza humana más importante desde Freud. La ciudadela debe caer en varias etapas, como un cordero apaleado por el darwinismo estricto. El primer paso apareció como un capítulo de la promesa de una teoría del comportamiento darwinista unificada, en las conclusiones del gran tratado de Wilson *The Insect Societies* (1971). Después, en 1975 vino la teoría general: *Sociobiology, the New Synthesis*, un manifiesto explícito sobre la revolución para expertos (los comerciantes de la evolución llamamos «ortodoxia» a nuestro propio darwinismo), un legado de la revolución que tuvo lugar entre 1930 y 1940, la «síntesis moderna». Del mismo modo que *The Insect Societies* terminaba con un capítulo acerca de la sociobiología, *Sociobiology* acaba con un capítulo sobre la explicación darwiniana del comportamiento humano.

Sociobiology incluía un diagrama con una clara metáfora marcial: las ciencias sociales se destriparon y luego fueron absorbidas, la mitad de ellas sometidas a la neurobiología (cómo funciona el cerebro), y el resto como partes de la teoría de la evolución darwiniana (cómo dilucidamos el valor de los comportamientos en el juego darwiniano de traspasar genes a las generaciones futuras). La naturaleza humana caería en la corriente darwinista en dos pasos. Primero la sociobiología trataría de resolver el problema más fácil de los universales humanos, incluyendo las diferencias de género que se mantienen en todas las culturas (ese era el tema principal del primer libro de Wilson que trataba explícitamente acerca de la sociobiología humana, *On Human Nature*, de 1978). Pero una teoría sobre comportamiento universal no puede proporcionar una explicación exhaustiva de la naturaleza humana; también debe englobar las diferencias entre las culturas y tener en cuenta la asombrosa rapidez y labilidad de los cambios culturales. *Prima facie*, el paso majestuoso del cambio (genético) darwiniano parece ser la fuente menos prometedora para localizar las diferencias, pero he aquí el problema (o la «ambición desmesurada», como en el título de Kitcher): la revisión más osada que ha habido desde Freud tiene que ser exhaustiva. ¿Qué interés tiene una teoría sobre la naturaleza humana que sea incapaz de explicar las diferencias que hay entre nosotros? Hay que dar ese incierto último paso, y proponer una teoría de las diferencias a modo de circuitos que se retroalimenten entre cultura y genes, puesto que nadie podría atribuir tal velocidad en los cambios culturales exclusivamente a los genes. Lumsden y Wilson invisten su último paso con un modelo matemático profundamente imperfecto y ahora ya desacreditado en *Genes, Mind and Culture* (1981),[1] y despojado de ecuaciones para los no especialistas en *Promethean Fire* (1983).

Pero da la sensación de que la sociobiología es la revolución autoproclamada más peculiar de la historia de la ciencia. Normalmente reservamos este calificativo a las nuevas estructuras de ideas, especialmente a las nuevas formas de conocimiento: evolución frente a reacción *ex nihilo*, o indeterminación cuántica frente a mecánica newtoniana. En cambio, la sociobiología humana solo asaltó un nuevo campo usando las herramientas de otro, sin modificarlas. Lo que es más, y he aquí la increíble ironía, la sociobiología se encargó de preservar la versión más ortodoxa de esas herramientas mientras su disciplina pareja, la teoría de la evolución, revisaba los principios básicos que alimentaban la revolución en la naturaleza humana. La sociobiología humana trabajó con un conjunto insostenible de herramientas imperfectas (incluso caducas) dentro de territorio enemigo. Puede que la metáfora marcial de Wilson fuera presuntuosa, e incluso puede que no fuera del todo correcta, pero desde luego fue bastante pertinente.

Como crítico severo de la sociobiología humana desde sus inicios, no me puedo considerar en absoluto un observador imparcial. Además, creo que hay que rechazar la ecuación del no partidismo anodino con objetividad, una absurda noción que han fomentado las peores tradiciones de telediarios. Podremos examinar más de cerca una crítica si conocemos a su autor; pero lo que hay que juzgar al final no es su autobiografía, sino sus argumentos.

El debate acerca de la sociobiología humana ha sido particularmente turbio porque a partir de un tema político legítimo (el abuso de argumentos genéticos para respaldar los planes sociales existentes basados en la biología) ha generado un debate más interesante y abstracto acerca de los métodos explicativos que intervienen desde el principio, una disputa que ya aparecía en las primeras declaraciones wilsonianas, que tuvieron una mala acogida entre los círculos feministas, entre otros:

> En las sociedades de cazadores, los hombres cazaban y las mujeres se quedaban en casa. Esta fuerte tendencia persiste en la mayoría de sociedades agrícolas e industriales, y en estos únicos terrenos, parece tener un origen genético. [...] Mi hipótesis es que la tendencia genética es suficientemente intensa como para causar una división sustancial del trabajo incluso en las futuras sociedades más libres e igualitarias [...] Incluso recibiendo una educación idéntica y un acceso igualitario a todas las profesiones, los hombres tienden a jugar un rol desproporcionado en la vida política, los negocios y la ciencia.[2]

Creo que Philip Kitcher ha localizado con acierto la cuestión política central pidiendo un mayor cuidado de aquellos que eligen la especulación cuando las consecuencias de confundir hechos y hacer suposiciones son graves:

> El auténtico problema político de la ciencia, socialmente relevante, es que las consecuencias graves del error imponen la necesidad de establecer criterios más altos de evidencias. En el caso de la sociobiología popular se hace caso omiso de los criterios comúnmente aceptados. Los errores simplemente amenazan con sofocar las aspiraciones de millones de seres.

El rechazo a la crítica por motivaciones políticas puede proporcionar cierta fuerza retórica para el contraataque, pero lo único que hace tal defensa es rebajar el alto nivel intelectual del debate. Elevamos la importancia de la cuestión política porque cae directamente del empobrecimiento de la ciencia.

Philip Kitcher y yo enfocamos la crítica de la sociobiología humana de maneras muy distintas, pero compartimos una actitud básica. Yo creo que los argumentos y los métodos de esta disciplina parten de un error fundamental: exportar el aparato de la forma más estricta de darwinismo ortodoxo al análisis del comportamiento humano. La ortodoxia sitúa toda la mecánica evolutiva en el esfuerzo de los diferentes organismos para reproducirse. En el mundo de Darwin, el cálculo del éxito es simple: el ganador transmite más copias de sus genes a las generaciones futuras, y fin de la historia. La teoría no deja lugar a conceptos como «el bien de las especies» o «la armonía de los ecosistemas», excepto en el caso del epifenómeno del esfuerzo primario para recompensas a nivel personal. Esta característica fundamental del darwinismo explica por qué los sociobiólogos han tomado el altruismo como la piedra de toque de su enfoque, pues *prima facie* (aunque la realidad sea más profunda que las apariencias) los actos altruistas no podrían ser elegidos en el mundo de Darwin porque son perjudiciales para los individuos, a pesar de lo que puedan representar para las especies. Así, si el fenómeno que a primera vista parecía ser más contrario puede resultar compatible (con el argumento, por ejemplo, de que los actos altruistas pueden salvar suficientes parientes como para pasar las copias necesarias de genes altruistas), la teoría general consigue un asombroso respaldo a través de la resolución de una paradoja.

El error principal de la sociobiología nace de esta premisa darwiniana: los comportamientos que la teoría pretende explicar tienen que interpretarse como adaptaciones de los organismos. En un tiempo en que la teoría de la evolución precisamente va de la mano de tales nociones, las revoluciones basadas en la ortodoxia selectiva parecen bastante anacrónicas. El enfoque exclusivo en los organismos ha sido desafiado por una teoría jerárquica que concede el mismo peso a la selección que actúa sobre otras entidades de jerarquía generacional (genes y especies, por ejemplo). Más aún, la adaptación en sentido estricto se ha debilitado, ya que nuestra mejor comprensión de la arquitectura genética y de desarrollo nos ha forzado a ver las diferentes partes de los organismos integradas en un sistema limitado por la historia y las leyes estructurales, no como una colección de herramientas, cada una perfeccionada individualmente en beneficio de los organismos en sus ecologías inmediatas.

Por otra parte, Kitcher sigue otros derroteros con los que casi me ha convencido. Dentro de una literatura prolífica, *Vaulting Ambition* es sin duda la mejor crítica de la sociobiología humana que he leído. Kitcher argumenta que la sociobiología humana no tiene un tema central estricto sino que se trata de una colección de estudios indiferentes y bastante especulativos coordinados libremente bajo el compromiso común con un darwinismo de cartón piedra. Por esta razón es elusiva y escurridiza. La sociobiología humana no se puede juzgar como una entidad porque no tiene coherencia. Por lo tanto, cualquier buen asesor debe emprender una disección minuciosa, caso por caso, hasta que al final no quede nada que apuntale la superestructura darwiniana. Darwin podría haber invocado cien variedades de palomas para respaldar su teoría de la evolución, pero a la sociobiología humana solo le queda una única especie de esa clase, el dodo, que no puede volar y se ha extinguido. Kitcher escribe que:

> Si pudiéramos desenmascarar un error subyacente en el análisis imperfecto del comportamiento social humano, no sería necesario, como he hecho, proceder a examinar ejemplo tras ejemplo. Por desgracia, la sociobiología es muy heterogénea. No solo no hay ni una sola teoría monolítica que debamos examinar, sino que además las historias darwinianas individuales que han ofrecido los sociobiólogos pueden inducir a engaño de muchas maneras diferentes dentro de una cantidad concreta de errores. Existe una familia de errores, y en distintos ejemplos están implicados distintos miembros.

Como filósofo de la ciencia con sólidos conocimientos de matemáticas y un buen bagaje de teoría de la evolución (también es el autor del mejor libro que se ha escrito sobre el creacionismo: *Abusing Science*), Philip Kitcher está cualificado como nadie para hacer esta disección. Por encima de todo admiro la paciencia que ha demostrado al prestar un cuidado tan solícito a los intrincados detalles de cada caso, ya que tal diligencia es difícil de encontrar en un mundo tan frenético como el nuestro. Puede que unos cuantos críticos, entre los cuales me incluyo también, hayamos realizado este trabajo en el pasado, pero no tuvimos el coraje ni la obstinación de seguir cuando descubrimos que no existían atajos. Ninguna crítica es tan mordaz como la eliminación secuencial de ejemplos, uno tras otro, como dice Mies van der Rohe en uno de mis lemas favoritos: «Dios habita en los detalles».

Pero Kitcher también usa las herramientas particulares de su profesión. Valoro más el talento tradicional de un filósofo habituado a definir y diseccionar argumentos, sobre todo en el último capítulo, donde por fin aprendí a definir de manera adecuada lo que me había preocupado de forma intuitiva acerca de los falsos puentes que construyen los sociobiólogos entre imperativos darwinianos y ética humana. Un hecho todavía más importante es que Kitcher usa sus conocimientos matemáticos para exponer las falacias y las falsas premisas del mecanismo que necesita Wilson para completar su revolución putativa, un modelo para explicar las diferencias entre las sociedades que están ancladas en los genes y su interacción con la cultura.

La crítica de Kitcher empieza con dos distinciones cruciales. La primera, entre la sociobiología en sentido amplio y la sociobiología cerrada. Es necesario que exista una ciencia evolutiva del comportamiento potencial. Si queremos llamar sociobiología (en el sentido amplio) a esta empresa, nadie decente puede oponerse a ella. La crítica de Kitcher se centra en la versión limitada, investida y descrita por el darwinismo estricto de la selección natural que funciona con asuntos conductuales para intentar incrementar el éxito reproductivo de los individuos.

Kitcher se da cuenta de que la teoría cerrada no tiene un estatus intelectual separado: es, ni más ni menos, el darwinismo simple y estricto aplicado a las cuestiones de comportamiento, y no a las formas de los huesos y los colores de las alas:

> Si inspeccionamos de cerca la «nueva síntesis», esta se transforma en un espejismo. No hay una teoría de la evolución del comportamiento autónoma. Solo hay la teoría general de la evolución. [...] A gran escala, los problemas a los que se enfrentan los aspirantes a sociobiólogos son los mismos que los del resto de biólogos.

Por este motivo mantengo desde hace mucho tiempo que el fracaso de la sociobiología no se basa tanto en su intransigencia de *Homo sapiens* como en la creciente incompetencia del adaptacionismo estricto como enfoque general de la evolución, que han exacerbado algunos problemas concretos planteados por nuestra propia especie (véase más adelante).

La segunda distinción es el contraste entre sociobiología seria y popular. Kitcher define la versión popular, el objeto de su crítica, como: «Recurrir a las ideas recientes sobre la evolución del comportamiento animal con el fin de fomentar declaraciones pretenciosas sobre la naturaleza humana y las instituciones sociales humanas». La sociobiología popular no designa la escritura derivada de periodistas y escritores científicos, en contraste con las investigaciones de los científicos académicos, ya que los objetivos de Kitcher no son sino los biólogos profesionales prominentes. También sería un gran error equiparar «serio» con «popular» en los estudios de otros animales frente a las especulaciones acerca de los humanos. La sociobiología popular es un tipo de adaptacionismo especulativo igualmente aplicable a garzas, babuinos hamadríades y seres humanos. La cuestión no es la taxonomía sino la metodología. Los estudios de las «violaciones» del ánade real y el «adulterio» del azulejo de las montañas pueden ser tan populares como los argumentos sociobiológicos sobre la agresividad humana.

Sin embargo, gran parte de la sociobiología seria (que han celebrado todos los biólogos evolucionistas) no trata de los humanos sino de los animales, mientras que los peores desafueros de las tendencias populares tratan del *Homo sapiens*. Los humanos son el tema principal de la variedad popular (adaptacionismo especulativo de cuentacuentos) por muchas razones, pero sobre todo por tres:

1. Tenemos tan poca información sobre las especies de reproducción lenta que no las podemos manipular abiertamente con fines experimentales.

2. El proceso no genético de la evolución cultural imita a menudo los resultados de la adaptación (genética) darwiniana. En otras especies la conciencia limitada garantiza que el diseño del buen comportamiento venga determinado por las fuerzas de la evolución. Los humanos tienen que inventar soluciones válidas sin esperar nuevas predisposiciones genéticas, y luego enseñar esas ventajas a sus hijos y vecinos. La evolución cultural ni siquiera es una buena analogía de la evolución biológica, porque ocurre de forma mucho más rápida y, sobre todo, porque funciona a través de la amalgama y fusión de linajes (la principal topología excluida del árbol darwiniano de divergencia continua). Así pues, ni siquiera podemos usar los modelos sociobiológicos como metáforas o analogías válidas.

3. Nuestro desmesurado interés por el *Homo sapiens* y la atención que recibe cualquier especulación nueva nos incitan a un comportamiento que no toleraríamos en el estudio de otras especies.

Los sociobiólogos suelen acusar a los críticos de caer en una de las trampas más antiguas de la cultura occidental: el deseo de mantener a los humanos separados de la naturaleza y fuera de sus mecanismos, pero el *Homo sapiens* no es la única víctima de la variedad popular, sino simplemente la más prominente.

Kitcher se mueve sin cesar por el bestiario de la sociobiología humana. Empieza por las premisas generales y el mecanismo de la teoría darwiniana, pasa por ejemplos de universales evolutivos del comportamiento humano (por ejemplo, la agresividad, la elusión del incesto o las diferencias de género), después reclama explicaciones sobre las diferencias culturales, y acaba con un capítulo sobre el terreno de la ética biológica. Identifica una cadena común de conclusiones inválidas a la que llama «la escalera de Wilson» y continúa aniquilando peldaños, uno por uno.

La escalera tiene cuatro peldaños, en los que cada paso representa un aumento del recelo respecto a la posición anterior. El primer paso sostiene que podemos utilizar un método general en la adaptación analítica para argumentar que «todos los miembros de un grupo G maximizarían su capacidad exhibiendo una forma de comportamiento B en los ambientes típicos que se encuentran en el grupo G». El segundo paso reivindica que «cuando encontramos a B en (virtualmente) todos los miembros del grupo G, podemos concluir que B se vuelve común y permanece común a través de la selección natural». Insisto en que el progreso del primer al segundo pasos es el eslabón más débil y crucial dentro del argumento adaptacionista. No podemos afirmar esta conexión *a priori*, aunque de hecho a menudo se puede afirmar a través de una panoplia de métodos concebidos por la evolución para el estudio experimental y derivado de la adaptación. Por desgracia, esos métodos que a menudo requieren la manipulación de la reproducción y del entorno no suelen poder aplicarse al *Homo sapiens*; de ahí el dilema particular de este eslabón débil para la sociobiología humana.

La ascensión automática del primer peldaño al segundo es una falacia lógica crucial para el programa adaptacionista: la confusión del uso común con el origen histórico. El certificado de aprobación actual no implica una construcción del pasado para el uso contemporáneo. Por desgracia llamamos de la misma manera el buen diseño que el proceso desde su origen: adaptación.[3] Desde mi punto de vista, esta falsa ecuación es el talón de Aquiles de la sociobiología humana. Creer en un poder superior es sin duda muy funcional, e incluso adaptativo, en términos evolutivos, para mucha gente, pero no podemos concluir desde esta creencia que tal noción nace directamente de la selección natural *por* fervor religioso, ni tampoco podemos inferir que tal creencia es una entidad con una raíz genética (otro requisito de los argumentos darwinianos).

El tercer paso sostiene que «puesto que la selección natural solo puede actuar allí donde hay diferencias genéticas, podemos concluir que hay diferencias genéticas entre los miembros actuales del grupo G y sus ancestros que no llegaron a desarrollar B (y cualquier otra anomalía reciente)». El ejemplo que expuse sobre el fervor religioso ilustra también la falacia de esta relación. El comportamiento no necesita tener raíz genética, ya que el darwinismo es una teoría del cambio genético.

El cuarto paso es la base para el descontento político de la sociobiología humana: la falsa equivalencia entre los fundamentos genéticos (no probados) y la inevitabilidad o resistencia al cambio (muchos defectos de la visión son heredables al cien por cien, y fácilmente corregibles con unas gafas): «Dado que existen estas diferencias genéticas y el comportamiento es adaptativo, podemos demostrar que será muy difícil modificar el comportamiento alterando el ambiente social». (Véase la cita de Wilson de la página 37.)

Si la lógica argumental de Wilson tiene la forma de una escalera, su estrategia para definir una teoría revolucionaria de la sociobiología humana también se sube a una secuencia firme: primero, la validación del adaptacionismo estrictamente darwiniano como una aproximación adecuada al comportamiento humano; segundo, la explicación de comportamientos universales y, por último, la dilucidación de las diferencias culturales. La crítica de la escalera de Wilson cuestiona el primer eslabón de su estrategia, pero ¿cómo se las arregla el programa sociobiológico para cumplir sus dos afirmaciones empíricas?

El debate de los universales se ha centrado debidamente en afirmaciones basadas en la adaptación y las diferencias de raíces genéticas entre sexos, aspectos de la organización social humana que trascienden las particularidades culturales, de acuerdo con los seguidores de la teoría sociobiológica. Las expectativas de tales diferencias sociobiológicas nacen de la premisa básica de que todos los organismos, como el núcleo de su ser, deben perseguir el imperativo darwiniano de éxito reproductivo individual. En la mayoría de los animales, machos y hembras tienen que jugar el juego de forma distinta, siguiendo el dictado de sus roles biológicos. Un espermatozoide (que es poco más que genes con un sistema de entregas) es muy económico, y cada fertilización pone la mitad de ti dentro de una cría sin mucha más complicación. Así pues, los machos deberían obtener su propia ventaja darwiniana preñando al máximo de hembras posible, tan a menudo como les sea posible. Esta condición de propagación máxima se puede conseguir a través de una variedad amplia de caminos, desde la furtividad hasta la dominación descarada; de ahí la variedad de estrategias de los machos para un solo propósito.

Por otro lado, las hembras invierten mucho más porque proporcionan fuentes de nutrición en huevos mucho más caros; además, en muchas criaturas la hembra carga con la cría con su propio cuerpo y alimenta a sus recién nacidos durante períodos bastante largos. Por lo tanto, la inversión de la hembra es más larga y costosa. Además no recibe la ventaja darwiniana de la promiscuidad, debido a que no saca ningún provecho reproductivo de copular después de la fertilización, mientras que los machos pueden plantar semillas con su avena silvestre *ad infinitum*. Por esto las adaptaciones de la hembra viran del libertinaje al cuidado que ponen por escoger al mejor y más servicial de los machos para que sea el padre de sus crías. La línea sociopolítica del argumento popular da ahora un salto de página: los machos son agresivos, asertivos, promiscuos y autoritarios; las hembras son tímidas, discriminadoras, leales y cariñosas. Y estas diferencias son adaptativas, darwinianas, genéticas, comunes, buenas, inevitables e inalterables.

2

No obstante, antes de evaluar esta ristra de adjetivos debemos formularnos una pregunta más básica: ¿Son verdaderas estas diferencias? ¿Los machos y las hembras humanas exhiben las disparidades predichas? Puesto que si no podemos detectar tales distinciones universales entre la diversidad de culturas humanas, ¿qué beneficio nos puede proporcionar la sociobiología popular? Su teoría reivindica estas diferencias como predicciones fundamentales.

Myths of Gender, de Anne Fausto-Sterling, es una excelente contribución a la literatura empírica sobre las diferencias de género entre los humanos. Si su premisa es correcta, la teoría fundamental de la sociobiología acerca de los universales humanos ha fracasado, y deja muy poca sustancia a la revolución putativa. *Myths of Gender* es un libro valiente que centra sus conclusiones en la información más subestimada e ignorada de manera sistemática: los llamados resultados nulos.

Pocos observadores que no pertenecen al mundo de la ciencia (ni algunos que sí lo hacen) son capaces de reconocer los efectos de la información parcial. El problema es especialmente grave, casi perverso, cuando los científicos realizan experimentos para probar un efecto esperado. Los resultados positivos se divulgan alegremente, y los negativos suelen admitirse de mala gana. Pero los resultados nulos, es decir, la incapacidad de encontrar algún efecto en alguna dirección, se ven por lo general como experimentos frustrados. Puede que los científicos meticulosos publiquen este tipo de resultados, pero inmediatamente pasan a formar parte de la literatura secundaria (y casi nunca se publican en la prensa). La mayoría de científicos ni siquiera publica este tipo de resultados. ¿Quién tiene tiempo de poner por escrito unos resultados tan ambiguos y poco emocionantes? Y, por otro lado, los racionalizan pensando cosas como «quizá la semana que viene podré hacer el experimento de nuevo y obtener mejores resultados». A mi modo de ver, no divulgarlos es un hecho perverso, porque no podemos calcular su grado de profundidad ni su alcance. En consecuencia, no sabemos la frecuencia relativa correcta de la mayoría de los efectos, lo que es un problema monumental en las ciencias de la historia natural, en las que la mayoría de las tesis son argumentos acerca de frecuencias relativas y no estamentos de exclusividad.

A lo largo de mi carrera me he dado de cabeza contra el muro de la no divulgación una y otra vez. Cuando Niles Eldridge y yo propusimos la teoría del equilibrio puntuado en la evolución,[4] lo hicimos para conceder al estancamiento de los linajes filogenéticos el estatus de «merecedor de ser divulgado», ya que hasta entonces se le había hecho caso omiso, por considerarlo una no-evidencia de la no-evolución, aunque todos los paleontólogos sabían de su alta frecuencia relativa. La crítica del adaptacionismo lucha contra un silencio similar. Un antiguo alumno mío completó hace poco un estudio que probaba que los patrones de color de ciertas almejas no tenían el significado adaptativo que se les había atribuido tradicionalmente. Una publicación importante rechazó su estudio con el siguiente comentario: «¿Por qué querrías publicar semejantes no-resultados?».

El estudio de las diferencias de género sufre el mismo prejuicio. Las diferencias calculadas se divulgan de manera prominente, por lo general con mucha fanfarria y mucha atención por parte de la prensa. No tenemos ni idea de cuántas veces esas diferencias no existen en realidad, ya que no sabemos qué resultados no se han publicado. Pero al menos podemos tabular asiduamente *todos* los estudios publicados, tanto si sus resultados son positivos, negativos o nulos. Esta tarea tan difícil y ostensiblemente poco gratificante forma el núcleo del libro de Fausto-Sterling en la reivindicación de diferencias según los tipos de inteligencia y disparidades del comportamiento debidas a la condición hormonal entre hombres y mujeres. Encuentra una y otra vez un patrón inquietante en la literatura acerca de las diferencias de género «estándares». Cuando se detectan diferencias suelen seguir la dirección predicha; pero la gran mayoría de estudios no informa acerca de ninguna diferencia, y estos son los que no ven la luz. Por ejemplo, la atribución de distintos estilos cognitivos de las mujeres como resultado de una menor lateralización de sus cerebros (o sea, menos especialización entre los dos hemisferios cerebrales) sobresale de entre las teorías más populares de la actualidad. Algunos estudios han encontrado pequeñas diferencias en este sentido, aunque ninguna ha informado acerca de que haya más lateralidad en el cerebro femenino. Pero la mayoría de experimentos no ha detectado ninguna diferencia apreciable en la lateralización. Esta es la frecuencia relativa dominante que tendría que ser publicada de manera preferente.

Además, a menudo sucede que las diferencias calculadas están correlacionadas con las distinciones culturales, lo que deja poco margen a la sociobiología de la adaptación, que se basa en la genética. Por ejemplo, muchas veces se alude a una percepción espacial más pobre como si fuera un estilo cognitivo propio de las mujeres. Fausto-Sterling muestra que este tipo de diferencias tienen lugar en sociedades que limitan de manera preocupante la autonomía y el movimiento físico de las jóvenes durante los primeros años de formación, pero en cambio no se han detectado en culturas (como la esquimal) que conceden la misma libertad a los chicos que a las chicas. No hace falta que diga que este patrón (si es tan universal como Fausto-Sterling sospecha) anularía cualquier razón empírica para invocar las explicaciones sociobiológicas como temas centrales en el estudio de los universales humanos. Muy pocas teorías generales pueden sobrevivir al derrumbamiento de su ejemplo más representativo.

Si el argumento sociobiológico de los universales es erróneo, hacerlo extensivo a diferencias culturales es todavía más cuestionable y tiene pocas posibilidades de prosperar. La parte más efectiva del libro de Kitcher (el capítulo 10, que trata de «las nuevas ecuaciones del emperador») disecciona los modelos matemáticos desarrollados por Lumsden y Wilson para cerrar su sistema y completar la revolución. Los modelos empiezan mencionando lo obvio: las diferencias culturales se desarrollan demasiado rápido para que las podamos explicar como adaptaciones de carácter genético. Para salvar el núcleo darwiniano de la sociobiología humana, las diferencias culturales tienen que reconvertirse en productos de la interacción entre genes y cultura, esto es, «coevolución genes-cultura» en la terminología de Lumsden y Wilson. De este modo, incluso los caprichos volubles y superficiales de los cambios culturales pueden tener su raíz en la adaptación genética, promovida a velocidades que en el mundo de Darwin serían inalcanzables, con el *feedback* positivo que proporciona el refuerzo cultural.

Esta línea argumental culmina con la «regla de los mil años» de Lumsden y Wilson: la reivindicación de que un milenio es un período de tiempo suficientemente corto para resolver las diferencias de base genética entre las culturas. Kitcher se metió entre la ofuscación de sus formalismos para demostrar que los modelos solo pueden funcionar bajo suposiciones tan insensatas y restrictivas que pocas culturas, o tan solo las culturas irreales, podrían seguir sus dictados. En concreto, la gente solo tiene que cambiar de una práctica cultural a otra con extrema renuencia, o de lo contrario el vínculo que une un gen a una práctica concreta se romperá con facilidad, mientras que las prácticas favorables se propagan como el fuego hacia todos los observadores, sin tener en cuenta genotipos. Además el éxito de las dos prácticas tiene que ser muy dispar, pues de lo contrario el cambio no puede producirse en un solo milenio. Pero ¿qué diferencia tan grande se podría resistir tanto? Kitcher llega a la siguiente conclusión:

> La regla de los mil años es un teorema de la teoría de la coevolución genes-cultura, cuando en realidad se aplica a la evolución de gente hipotética con un nivel de estupidez extraordinario.

Uno comienza a pensar que a la revolución de la sociobiología humana no solo le faltan ecuaciones que la encubren, sino también todo un aparato empírico que la sostenga.

Algunos adaptacionistas codiciosos (especialmente A. J. Cain)[5] han acusado a la crítica de la sociobiología de haber sacrificado la verdadera hegemonía de la adaptación a la naturaleza para proporcionar argumentos mezquinos y conseguir una simple aversión política a la sociobiología. Si se me permite introducir un párrafo autobiográfico, me gustaría decir que, para mí, considerar el adaptacionismo en su sentido más estricto como la falacia central del darwinismo contemporáneo surge de tres raíces diferentes, dos de las cuales son anteriores a la sociobiología. La primera surgió durante los siete años que duró la redacción de *Ontogenia y filogenia* (1977) y mi creciente respeto hacia la magnífica literatura estructuralista europea sobre leyes y formas (con grandes autores como Goethe y Geoffroy). La segunda se desarrolló a partir de una serie de artículos técnicos escritos por David Raup, Tom Schopf, Dan Simberloff y Jack Sepkoski entre 1973 y 1977, sobre patrones ordenados de filogenia que surgen dentro de sistemas puramente aleatorios, pero que se habían atribuido anteriormente al adaptacionismo darwiniano.[6] La tercera sí que la proporcionó la sociobiología, al tiempo que me esforzaba por entender qué era lo que hacía que una literatura especulativa sacara conclusiones sobre la gente tan desfasadas con respecto a mi concepción de la realidad. No debemos trivializar un tema tan importante y central como el adaptacionismo con la noción de cartón piedra de que solo unos motivos básicos podrían inspirar cualquier tipo de oposición.

En cualquier caso, la acusación de que hemos caído en una de las trampas culturales más antiguas como la separación del *Homo sapiens* del resto de la naturaleza, negando a la gente las verdades darwinianas más evidentes que damos por supuestas en el resto de animales, no es sostenible por una simple razón: solo ponemos en cuestión el adaptacionismo estricto y especulativo con tanta fuerza cuando aboga por no decir ni una palabra acerca de los seres humanos y solo aplica sus métodos a la creación más burda.

3

Bettyann Kevles ha escrito un libro muy elocuente pero echado a perder por un compromiso global hacia el adaptacionismo *a priori. Females of the Species* estudia cómo en la naturaleza las hembras practican el juego darwiniano de esforzarse para obtener el éxito personal de reproducirse. No contiene ni una sola referencia al *Homo sapiens*, excepto para decir que la diversidad de la naturaleza excluye cualquier esperanza de identificar cualquier propensión particularmente humana como la que dicta la biología.

Sin embargo, su trabajo se centra en demoler una falacia totalmente opuesta: la larga tradición, que por suerte ya está de capa caída y que en este libro se intenta empujar sustancialmente hacia el olvido, de interpretar lo que las hembras hacen a la luz de supuestos roles que las sociedades sexistas han impuesto a la hembra humana. Muchas veces se ha visto a los machos como los únicos participantes del juego darwiniano: rascándose sin parar, escabulléndose, pataleando y rugiendo para poder conseguir pareja. Por su parte, a las hembras solo se las tenía en consideración como aceptadoras pasivas del triunfo masculino, pero por lo general no se las tenía en cuenta, o se las imaginaba sentadas en el hogar con sus crías mientras los machos iban de caza.

Sin embargo, el mismo Darwin identificó dos componentes en el proceso que condujo a establecer el concepto de selección sexual, el auténtico tema estrella de su tratado *El origen del hombre*: uno centrado en el macho, que era la competición, y el otro en la hembra, la elección. Las hembras pueden jugar un papel tan activo y belicoso como los machos para asegurar su herencia darwiniana, confraternizando solo con machos aceptables y rechazando rotundamente al resto de ejemplares, muchas veces con respuestas duras y no solo con actitudes pasivas. Sin embargo, aunque la teoría general siempre ha mostrado una igualdad en la determinación de las hembras, pocos estudiosos del comportamiento (hasta hace poco, la mayoría de ellos eran hombres blancos) le prestaban atención. En vez de eso, inconscientemente veían la sociedad femenina en la naturaleza con los mismos límites sexistas que las culturas humanas que los rodeaban habían impuesto a la mujer. Así, por ejemplo, el famoso estudio de Solly Zuckerman acerca del comportamiento de los babuinos en el zoo de Regent Park de Londres, que hizo en la década de 1930, detectó una pirámide de machos con un ejemplar «alfa» en la cúspide. Casi no tuvo en cuenta las relaciones entre hembras porque presuponía la sumisión del grupo al macho alfa. Por razones darwinianas igualmente convincentes, las hembras en realidad también tienen sus jerarquías, pero permanecieron fuera del campo de visión del estudio.

Kevles inspecciona el reino animal para demostrar, con una de las tácticas más poderosas que existen (una sobrecogedora lista de ejemplos documentados), que las hembras son tan activas como los machos, según el imperativo darwiniano. Sus conclusiones son estas:

> Hoy en día nadie sugeriría en serio que las hembras de los animales son meras depositarias de huevos a la espera de que pase algo. Apreciamos cada vez más la diversidad de roles femeninos en las sociedades humanas, de manera que comenzamos a entender las variedades del comportamiento de la hembra animal y, finalmente, reconocemos a las hembras como jugadoras del juego evolutivo, como mínimo al mismo nivel que los machos.

La premisa central de *Females of the Species* presenta un aspecto loable y otro criticable. Los estudiantes de historia natural somos firmes defensores de que la belleza y la virtud de nuestra profesión residen en la generosa diversidad de la vida que nos rodea: todo lo que puede pasar se las arregla de alguna forma para pasar. Aun así, muchos de nuestros tratados (considero que demasiados), tanto populares como técnicos, renuncian a esa riqueza y la sustituyen por abstracción; apenas usan ejemplos y, si lo hacen, es para ilustrar algunos puntos concretos, más que para limitarse a explorar los límites de un registro tan maravilloso. Kevles ha rendido un gran homenaje a la naturaleza. Presenta el tema de su ensayo en diez páginas minimalistas de generalidades necesarias, y lo cierra con tres páginas de advertencias sobre los peligros de la falsa extrapolación. En medio, el texto es un implacable bestiario de ejemplos que va desde los escarabajos a los babuinos. Incluye cientos y cientos de historias sobre el comportamiento de la hembra, organizadas en capítulos dedicados al cortejo, el apareamiento, la maternidad y la fraternidad, y con todo ello aspira a reforzar el argumento de que las hembras participan en la lucha darwiniana para el éxito reproductivo de una manera tan activa y asidua como los machos, solo que de otra forma. Cualquiera puede hablar con elocuencia acerca de la diversidad como un tema de la naturaleza, pero Kevles ha hecho una inmersión de años de trabajo para documentarla.

Las meras especulaciones desde el punto de vista de la adaptación han sido el arma principal de que se han valido los partidarios sexistas de la teoría de la evolución para mantener a las mujeres en una posición servil. Debemos combatir esta arma de dos maneras diferentes, y creo que Kevles ha elegido el camino equivocado. O bien se puede identificar las falacias de la metodología adaptacionista (como hace Kitcher) y proponer una ruptura con un tipo de argumento inválido, o bien se puede intentar construir una «buena» sociobiología (como hace aquí Kevles, y como intentaron antes

Hardy y otros) que represente el comportamiento de la hembra animal desde una perspectiva más positiva.

Kevles es consciente de las objeciones del adaptacionismo más estricto, y da muestras de ellas en alguna de sus advertencias: «No tiene por qué haber un propósito para cada estructura actual, ni una razón funcional para cada gesto contemporáneo». Pero cuando leemos su extensa lista de ejemplos, nos encontramos en el mundo de Pangloss: todo lo que hacen las hembras o se hace para ellas está bien, pues todas las formas y acciones naturales están modeladas por la fuente exclusiva del cambio evolutivo (la lucha darwiniana entre organismos para el éxito reproductivo individual). En el resumen final, antes del epílogo, Kevles concluye que «todo comportamiento femenino, al igual que las acciones de los machos de las especies, es egocéntrico. Los individuos usan y abusan los unos de los otros según el tipo de comportamiento que los ayude a sobrevivir».

La adaptación es una fuerza poderosa, pero no es la única vía que existe; en este sentido ambos caricaturizamos el proceso y hacemos caso omiso de un tema central en las revisiones actuales de la teoría de Darwin cuando ponemos a la misma altura las reconstrucciones evolutivas adecuadas con nuestra habilidad de contar una historia sobre el comportamiento óptimo en ausencia de una evidencia definida. Parece que Kevles sienta que el trabajo evolucionista está hecho cuando ha contado una historia convincente acerca del adaptacionismo y no, como yo sostendría, cuando esta historia se puede probar con evidencias definidas contra alternativas razonables.

Por citar algunos de los cientos de ejemplos posibles, normalmente basados en la estrategia convencional de mostrar que incluso el comportamiento más antiguo e improbable (como podrían ser el infanticidio y el canibalismo) pueden ser para bien:

1. Kevles dice que el sexo sirve «para» producir variedad en la cría y asegurar futuros evolutivos en un mundo cambiante:

> Demos por sentado, junto con Darwin, que la variación sexual permite una acomodación rápida a un cambio de tipo cataclísmico (aunque esto no sea una explicación aceptada universalmente). Por ejemplo, si de repente las temperaturas bajan drásticamente, los individuos dotados de genes de piel gruesa van a sobrevivir.

Pero no se puede dejar entre paréntesis uno de los debates más animados de toda la teoría de la evolución.[7] Además, la explicación adaptacionista que da Kevles para explicar el sexo no puede ser correcta a menos que hayamos malinterpretado por completo la naturaleza de la causalidad. En el mundo de Darwin, solo se puede seleccionar a los organismos por sus ventajas inmediatas, y no por el éxito en futuros inciertos. Los organismos asexuales producen clones de crías, y las criaturas sexuales producen variedad. Un clon invariable puede sucumbir en su totalidad, pero algunos de los miembros de una selección variable pueden superar un futuro estrés. Así pues, la supervivencia de una línea familiar ante una catástrofe puede ser consecuencia de la reproducción sexual, pero este argumento no es capaz de explicar por qué evolucionó el sexo, ni por qué sigue existiendo en contextos de bonanza. Kevles confunde resultados con causas, una falacia habitual dentro del argumento adaptacionista.

2. Los machos de muchas especies «protegen» sus fertilizaciones secuestrando a sus parejas, o incluso tapando sus orificios genitales con una fuerte secreción. Kevles está segu-

ra de que este comportamiento también tiene que ser bueno para las hembras (¿qué hay de la alternativa de que el macho y la hembra luchan continuamente, y algunas veces gana un sexo y otras veces el otro?): «En efecto, estas hembras han cambiado la garantía de seguridad y sustento de sus crías para poder poner fin al tener que "ir de compras" y disponer de libertad». Su evidencia es la simple existencia del fenómeno. Lo que es, es correcto: «Aunque alguno de estos acuerdos parece excesivamente complicado, parece que a las hembras de esas especies les conviene, ya que lo han consentido».

3. Según Kevles, cuando los machos parecen dominar a las hembras debemos explorar más allá de las apariencias e interpretar la dominación como un trato que también es conveniente para las hembras. Respecto a los tapones de apareamiento: «Las hembras que aceptan los tapones parecen haber evolucionado racionalizando que es más seguro retener los suministros de esperma que seguir copulando con la esperanza de encontrar padres más apropiados para sus crías». En cuanto a la reabsorción de fetos pertenecientes a cópulas previas en presencia de machos de rango superior: «Cambia una fertilización con el esperma de otro macho por la oportunidad de empezar el proceso entero, con lo que parece ser una mejor oportunidad de que sus crías sobrevivan».

4. Cuando los polluelos del cuco viven como parásitos en los nidos de los colirrojos, pueden matar a sus crías y aun así los padres colirrojos siguen alimentando a los cucos. Podríamos pensar que los cucos son mejores estrategas que los colirrojos, pero Kevles insiste en que esta situación también puede beneficiar a los colirrojos. Si los colirrojos no han desarrollado mecanismos de defensa ni de reconocimiento, seguramente se deba a que, al fin y al cabo, la presión selectiva no es tan elevada, sea cual sea el beneficio apreciable. Si no está ahí, no es necesario. Kevles escribe: «¿Por qué no han

evolucionado los colirrojos para protegerse contra la intrusión de los cucos? Podría deberse simplemente a que hay muchos más colirrojos que cucos y su tasa de mortalidad no es tan alta como para haber promovido la adaptación en estrategias de defensa». Pero ¿qué pasa con otras alternativas, como que estaría bien poder defenderse, pero la neurología del colirrojo no contempla esta posibilidad, o que esta situación es tan reciente que aún no ha habido tiempo para desarrollar una respuesta?

5. El canibalismo debe consistir en comer de manera prudente para que todos obtengan un beneficio evolutivo, no una señal de que algo ha ido mal. Cuando encontramos los huesos de un bebé en las fauces de una madre gorila, tenemos que dar por sentado, sin disponer de ninguna prueba directa, que de todas formas el bebé estaba condenado a ser inviable, y que darse un buen banquete es mejor que alimentar a un inadaptado:

> Cuando la primatóloga Dian Fossey descubrió los huesos de un bebé en las fauces de un gorila madre cuya cría había desaparecido, Fossey dedujo que el bebé debía de ser un tullido o estar moribundo, de forma que lo que a primera vista podría parecer un «asesinato» se transformara en una «muerte piadosa». Con la cría moribunda fuera de juego, la madre no tarda en dejar de lactar, empieza su ciclo y vuelve a estar dispuesta para el embarazo.

Todo es para bien: se borra una cifra darwiniana y mamá puede empezar de nuevo el juego de la evolución.

Es interesante ver cómo Kevles está dispuesta a atribuir el canibalismo en los zoos y en los laboratorios como fruto de un estrés antinatural («este tipo de acontecimientos son poco frecuentes y seguramente patológicos»), pero cuando ocurren casos similares en la naturaleza solo puede tratarse de adaptaciones activas. Así, los cazadores han percibido que en algunas especies de mamíferos los padres pueden comerse a sus crías cuando la madre ha sido asesinada: «Sin la leche y el cuidado de su madre, las crías estaban condenadas. La acción del macho de matar y comerse los cachorros, tanto si es el padre como si lo hace un transeúnte, se puede ver simplemente como una manera de hacer lo mejor en una situación adversa». (¿Y no podría ser que si la madre no estuviera cerca, los machos ocuparían su lugar y los alimentarían siempre?)

6. Si los machos ayudan a criar a sus bebés, tienen que ser capaces de determinar si las crías son realmente suyas; de lo contrario estarán perdiendo el tiempo, en un sentido darwiniano (¿y qué pasa si las hembras ganan a veces y son capaces de engañar a los no padres para que cuiden de sus crías?): «No se sabe cómo determinan su paternidad, pero deben de tener alguna manera de hacerlo, porque los machos de muchas especies colaboran, y lo hacen de manera selectiva».

7. Las madres kiwi no desempeñan ningún papel en el sustento de las crías una vez puesto el huevo. Aunque podamos pensar que sería mejor que la hembra invirtiese energías en ello, el hecho de no hacerlo debe de ser positivo para ella (pero ¿por qué tiene esto que ser un problema? Quizás este sistema no óptimo funciona bien): «De todos los pájaros, el kiwi marrón es el que produce el huevo más grande en relación con su peso, y quizás esa enorme yema, un material bien nutritivo, es todo lo que puede aportar la madre. El macho incuba el polluelo y lo alimenta sin ningún tipo de ayuda de la hembra». Y por eso la apreciación de que el macho proporciona el sustento se convierte, *ipso facto*, en la prueba de que es la solución óptima.[8]

8. En las islas del Canal, la gaviota de Delaware a menudo forma parejas hembra-hembra. Kevles sugiere que este

vínculo homosexual podría ser una adaptación para garantizar la viabilidad de la cría cuando el macho promiscuo abandona temporalmente a su pareja para fertilizar a una de las hembras: «Puede que el apareamiento homosexual sea una estrategia que permite que las otras hembras sean fertilizadas por los machos promiscuos para después poder incubar a las crías como si fueran pareja». ¿No podría ser que el instinto de apareamiento superara el imperativo darwiniano para el potencial reproductivo en islas como esta, en las que las proporciones entre hembras y machos no están equilibradas?

Podría decirse que las fantasías especulativas son inofensivas; no obstante, estas se buscan sin tregua. Como decía Horacio: *«Dulce est desipere in loco»* (Es divertido perder el juicio de vez en cuando). Pero contar cuentos en el contexto adaptacionista no es mera indulgencia, algo que toleramos porque nos hace gracia aunque no sea conveniente como alternativa a la ciencia propiamente dicha. La profunda creencia inherente al método (es decir, la idea de que la evolución es la historia del moldeo secuencial por partes de los diseños que resultan beneficiados en los hábitats locales) da una idea muy superficial de la riqueza que implica la teoría de la evolución. La evolución es la ciencia de la historia por antonomasia, y la influencia de la historia está expuesta en innumerables imperfecciones y concesiones (el pulgar del panda) que aparecen como legados de sus distintos pasados en todos los organismos, mientras que el adaptacionismo de Pangloss hace que la historia sea irrelevante. Si habitamos el mejor de los mundos posibles, no necesitamos explorar detrás ni más allá de las funciones actuales. Por otra parte, una teoría atomística de la optimización adaptativa niega la integración estructural de los organismos interpretando cada parte como un puzle bien diseñado. Una teoría evolutiva que minusvalore tanto la historia como la estructura estará renegando de los dos temas principales que hacen que la biología sea tan especial e interesante.

Dicho de otra forma, la visión panglossiana se revuelca en el error lógico más serio de la reconstrucción histórica; el mismo error que hunde la sociobiología humana, esto es, la ecuación de la utilidad actual con el origen histórico, o la idea de que sabemos por qué evoluciona una estructura una vez hemos entendido cómo funciona en la actualidad. Este error se extiende en ramificaciones que van más allá de los confines de la teoría evolutiva. Un ejemplo es que invalida el llamado principio antrópico, que ahora también preconizan algunos físicos y cosmólogos que no entienden las lecciones de la historia. La versión dominante de este principio sostiene toscamente que dado que la vida humana encaja tan intrincadamente bien con un universo regido por las leyes de la naturaleza (utilidad actual), estas leyes tienen que haber surgido en previsión de nuestra futura aparición (origen histórico).

La trampa de inferir un origen histórico de la utilidad actual se puede entender mejor al observar que casi todas las estructuras biológicas son cooptadas de usos anteriores, y que por lo tanto no han sido diseñadas para las operaciones actuales. Las piernas eran aletas. Los huesos de las orejas eran huesos de la mandíbula, y antes eran huesos del arco branquial. Las alas incipientes no servían para volar, pero podían ser útiles para la termorregulación. Este mismo argumento es el que mina la idea central de la sociobiología popular. El cerebro humano se hizo más grande por la selección natural (quién sabe por qué, pero se supone que fue por una buena causa). Seguramente la mayoría de «cosas» que hace nuestro cerebro, sobre todo para nuestra cultura y nuestra supervivencia, son epifenómenos de la capacidad de cálculo de esta máquina y no de entidades darwinianas dotadas de motivaciones genéticas y construidas *ex profeso* por la selección natural para asegurarse su función actual. La sociobiología popular debe apostar por la idea de desvelar los orígenes y el significado del pensamiento y el comportamiento humanos. Pero si la mayoría de los comportamientos son epifenómenos cooptados y no entidades selectivas, las explicaciones sociobiológicas adaptacionistas no se pueden aplicar a estos comportamientos.[9]

Entre las historias de la evolución predomina una gran asimetría, que estoy tentado de llamar *la* gran asimetría. Estoy dispuesto a admitir que la selección natural eliminará las estructuras perjudiciales si estas causan demasiados problemas. Pero la contrapartida no es simétrica: no es verdad que la selección natural construya las estructuras beneficiosas. Hay muchas formas y muchos comportamientos que se construyen por otras razones. Como señaló una vez George Williams, el éxito continuo de los peces voladores depende por completo de su propensión a caer de nuevo en el agua después de haber emergido. Nadie en su sano juicio argumentaría que la selección natural determinó su masa para garantizar una caída a tiempo. En *El origen de las especies*, Darwin (que no era un funcionalista descerebrado pero que se esforzó minuciosamente en captar las leyes de la estructura) defendió en cierta ocasión que los huesos del cráneo sin fusionar, aunque sean esenciales para que los neonatos de los mamíferos puedan hacer pasar sus enormes cabezas a través del canal de nacimiento, no pueden ser adaptaciones diseñadas para esta función:

> Las estructuras de los cráneos de los mamíferos jóvenes han ido progresando como una adaptación perfecta para facilitar el

> parto, y no hay duda de que lo simplifican o incluso pueden ser indispensables para este acto; pero del mismo modo que las suturas aparecen también en pájaros jóvenes y reptiles, que tienen que salir de un huevo, debemos deducir que esta estructura surgió de las leyes del crecimiento, y que se ha aprovechado en el parto de los animales superiores.[10]

El darwinismo de cartón piedra (la creencia principal de la sociobiología popular y el ancla que Kevles adopta a la ligera en sus historias sobre adaptación) es una teoría de puro funcionalismo que rechaza la historia y considera que las estructuras orgánicas son neutras antes de que las moldee el entorno. Es una teoría reduccionista y monodireccional sobre la construcción de la información desde el entorno hacia los organismos a través de una selección natural de los diseños adecuados. Necesitamos una teoría más rica, una biología estructural que vea la evolución como una interacción entre interior y exterior, entre entorno y normas estructurales de la arquitectura genética y de desarrollo, unas normas fijadas por la misma contingencia de la historia y las leyes físico-químicas del objeto en sí. La caída de la sociobiología popular será una pequeña aportación que redundará en beneficio de esta teoría más rica; su principal dicha será la profunda satisfacción de integración entre ambiente y organismo, función y estructura, tiempo actual y pasado histórico, y el mundo exterior traspasando fronteras (ya sean la piel de un organismo o los límites geográficos de las especies) hacia la vitalidad orgánica interna.

3

MALDITA MEMORIA*

Samuel Butler, un maestro de las polémicas enconadas, se enfrentó a Charles Darwin en todos los temas científicos posibles. Fue una disputa sobre prioridades. En *Evolution Old and New*, de 1879, Butler acusó a Darwin de menospreciar las especulaciones sobre evolución de Buffon, Lamarck e incluso su propio abuelo Erasmus. Darwin respondió a este libro y los posteriores insultos[1] con la estratagema más efectiva que existe: el silencio. Más tarde Francis, el hijo de Darwin, escribiría: «El suceso afectó profundamente a mi padre, pero el calor y la simpatía que le proporcionaron aquellos a quienes él tenía en buena consideración le ayudaron a olvidarse pronto de aquello, y dejarlo en un bien merecido olvido».[2] Aun así, como lo que prevalece en la ciencia es la originalidad en las ideas, el tema de las prioridades nunca queda en el olvido. Historiadores y sociólogos han demostrado una y otra vez que las ideas revolucionarias no afloran sin una genealogía y que los descubrimientos más importantes son «múltiples», por utilizar el término del sociólogo Robert K. Merton.[3] (Claro está que A. R. Wallace inventó el principio de la selección natural durante un brote de malaria en la isla de Ternate dieciocho años después de que Darwin concebiera su argumento, pero antes de que lo

* Reseña de *Darwin and the Mysterious Mr. X: New Light on the Evolutionist*, de Loren Eisley.

publicara.) La cuestión de los predecesores de Darwin ya estaba en el aire antes de los ataques de Butler. La mayoría de científicos revolucionarios o bien hacen caso omiso de la historia o bien la revisan para sus propias finalidades. Darwin no fue generoso con los evolucionistas que le precedieron,[4] así que sus reivindicaciones lo llevaron a añadir una introducción histórica a las posteriores ediciones de *El origen de las especies*.

Y la polémica tampoco murió con el fallecimiento de Butler. En 1959, el centenario del *Origen* sirvió de inspiración a un mar de investigadores, la mayoría de ellos devotos de los evolucionistas predecesores de Darwin.[5] Ese mismo año, Loren Eiseley, distinguida antropóloga y prosista notable entre los científicos, publicó un extenso artículo en *Proceedings of the American Philosophical Society*: «Charles Darwin, Edward Blyth and the Theory of Natural Selection». Eisley reivindicó que Blyth había desarrollado una versión de la selección natural antes que Darwin durante la década de 1830 y que «Darwin no reconoció el uso que hizo de su trabajo».

Edward Blyth (1810-1873), el «misterioso señor X» del título de este libro, fue un dotado naturalista que, entre la miseria y la pobreza, trabajó de conservador en el museo de la Sociedad Asiática Bengalí la mayor parte de su vida en una oscuridad relativa. Eiseley, que murió en 1977, no profundizó en el tema mucho más allá de su ensayo original, y este libro (publicado en 1979) es poco más que la reimpresión del ensayo de 1959, enriquecido con siete ensayos más, no originales y muchos de ellos de relevancia dudosa, y solo uno escrito después de 1965.

Dos malinterpretaciones típicas, una fomentada por el mismo Darwin, han afectado a los comentarios convencionales de la génesis de la selección natural. En el relato que suponemos más fiable, Darwin entró en el *Beagle* cargado de los prejuicios propios de su época. Durante los siguientes cinco años, la naturaleza misma rompió las cadenas de Darwin para dejarle ver la verdad en los fósiles de huesos gigantes en América del Sur y en las tortugas y los pinzones de las islas Galápagos. Este relato heroico refuerza los falsos estereotipos que a los científicos les gusta transmitir a menudo sobre su profesión: la ciencia como búsqueda desinteresada de la verdad objetiva a través de una observación sin límites, y los grandes científicos como gente que puede liberar sus mentes de prejuicios y oír la voz de la naturaleza.

En efecto, Darwin empezó a dudar a bordo del *Beagle* y regresó con una mentalidad abierta. Y sí que hizo dibujos de los materiales de su viaje durante toda su vida, pero no se limitó a ver la evolución sobre el terreno. De hecho, en un primer momento Darwin identificó los famosos pinzones de las Galápagos como miembros de varias familias de pájaros. Compuso el relato después de que un ornitólogo del British Museum reconociera la unidad de diseño que se escondía detrás de la sorprendente diversidad adaptativa. Pero nunca simuló una conversión durante el viaje. Por su cuenta,[6] y esta es la fuente del segundo malentendido, abrió las libretas acerca de la transmutación de las especies poco después del viaje y tanteó una teoría que explicara cómo se producía la evolución. (Hay que distinguir la demostración de la evolución de Darwin en sí de la teoría que ideó por sus mecanismos, es decir, la selección natural. Aceptó el hecho antes de desarrollar su teoría, y nunca negó que hubiera una larga lista de predecesores del hecho en sí. Lo único que él reclamaba como propio y original era la selección natural.) No ocultó el hecho de estar muy bien preparado o el éxito parcial de sus primeras reflexiones, pero sí que muestra la génesis de la selección natural como una experiencia de *eureka*, un flujo de conocimiento después de un afortunado accidente:

> En octubre de 1838, es decir, quince meses después de empezar mi investigación sistemática, me leí, por puro entretenimiento, el *Ensayo sobre el principio de la población*, de Malthus, y, con mi predisposición a apreciar la lucha por la existencia que hay en todas partes por la observación larga y continuada de los hábitos de animales y plantas, se me ocurrió de repente que bajo tales circunstancias las variaciones favorables tenderían a preservarse, y a destruirse las desfavorables. Como resultado se formarían nuevas especies. Y ahí es donde finalmente encontré una teoría en la que trabajar.

Lo que Eiseley critica es la tradición de las interpretaciones del tipo *eureka*. Acepta la idea de un Rubicón o de abrir las aguas del mar, es decir, un momento concreto que en este caso propulsó a Darwin de andar a tientas hasta la plena satisfacción. Y transmite la inspiración de Malthus a Blyth, pero también alimenta el chismorreo científico por excelencia: ¿acaso Darwin no hizo un movimiento estratégico al reivindicar la influencia que ejerció Malthus en él y de este modo agrandar la impresión de su originalidad y esconder el hecho de que directamente había cogido prestada la obra de Blyth? (Eiseley evita el tema contencioso de si el desliz de Darwin fue a propósito o inconsciente.)

Ya han pasado veinte años desde el centenario del *Origen* y del ensayo de Eiseley, y durante todo este tiempo no ha habido ningún tema que se haya estudiado más a conciencia ni que haya resultado tan fructífero como el de las fuentes de la selección natural. A través del trabajo de Kohn, Limoges, Mayr y especialmente Gruber y Schweber[7] sabemos que Darwin no consiguió ningún triunfo repentino; más bien experimentó una aceptación progresiva. Muchas de sus libretas han sido reunidas y escrutinadas de manera escrupulosa; también se han reconstruido sus idas y venidas durante las semanas anteriores a la lectura de Malthus hasta donde han permitido sus registros. Gruber probó que Darwin «buscó» con más propósito, dirección y éxito durante su primer año de investigación. Schweber ha indagado el camino de todo ese mes anterior a Malthus, y ha seguido un rastro que va de Comte a Adam Smith y los economistas escoceses, a Quetelet y los primeros estadistas, y de las propias citas de Quetelet (y no por serendipia) a Malthus. Parece ser que el «placer» de Darwin residió principalmente en leer los principios malthusianos en su formulación original. Ya antes había leído en el trabajo de Quetelet una reseña cuya tesis central era que la población acabaría siendo mayor que los recursos alimenticios.

Schweber también demuestra que la mayoría de las piezas ya estaban en el tablero antes de que Darwin interiorizara a Malthus, de manera que su deuda con él no va más allá de una formulación cuantitativa de un principio que ya había entendido, y que además, vista en retrospectiva, ha resultado no ser válida. Esta sensible reconstrucción también resuelve una anomalía todavía más relevante de la interpretación tradicional del *eureka*: si Malthus le había quitado la venda de los ojos, ¿por qué no paró Darwin en ese momento para celebrarlo exaltado, o incluso para dejar constancia del acontecimiento? (Darwin escribió su autobiografía durante su vejez con la intención de dejar una homilía para sus nietos y no para publicarla. El momento de iluminación citado anteriormente no es el único recuerdo borroso que ha llevado a los historiadores por el camino de la amargura. El retrato que hizo de sí mismo como un hombre paciente y aburrido que trabajaba con «principios baconianos estrictos», un tipo afortunado que estaba en el sitio adecuado en el momento oportuno, dio lugar a una larga tradición de expertos que denigraron su figura, hasta la resurrección intelectual que ha vivido estos últimos veinte años. Así que no podemos ver las malas interpretaciones en su autobiografía como actos egocéntricos conscientes.) Da la casualidad de que ni Gruber ni Schweber mencionan a Blyth, y ningún estudioso reconocido ha encontrado un lugar para él en ningún ensayo reciente. Por otra parte, si no hubo ningún *eureka*, Blyth podría haber sido tan solo un actor secundario dentro de su investigación.

Y aunque los investigadores posteriores a Eiseley hayan seguido su línea, creo que su reivindicación de Blyth cae por su propio peso. En 1835 y 1837 Blyth publicó varios artículos extensos en la *Magazine of Natural History*, una revista que Darwin conocía a ciencia cierta. Y, de hecho, Blyth se refiere en numerosas ocasiones a que la naturaleza se deshace de los individuos dotados de rasgos desfavorables. Admite que los ganaderos emplean una versión consciente de este proceso para mejorar su ganado, e incluso se pregunta en voz alta si la naturaleza no seguirá un camino parecido: «Así como el hombre provoca adaptaciones y cambios en la constitución física de las especies sacándolas de sus hábitats naturales, ¿no podría suceder lo mismo en la naturaleza salvaje, de manera que, dentro de unas cuantas generaciones, adquieran otros rasgos distintivos como los que ahora reconocemos como indicativos de una variedad concreta?». Pero, como por supuesto admite Eiseley, Blyth no tarda en acallar su pregunta con un contundente «no». «Zanjaré de manera concisa este interrogante», escribe, sobre todo porque no se pueden encontrar formas intermediarias entre la mayoría de especies modernas.

Una vez ha rechazado esta sugerencia, Blyth discute la selección en un sentido totalmente opuesto: como un mecanismo de eliminación de los individuos que no encajan que contribuye a preservar las especies, que son unas entidades creadas, constantes e inmutables. Al actuar como una ejecutora de seres enfermos, débiles, deformes y aberrantes, los que son simplemente demasiado grandes o demasiado pequeños, la naturaleza trabaja con Dios para mantener las especies y no para cambiarlas. Ninguna noción de «selección natural» podría ser más contraria a la de Darwin (y, de nuevo, por supuesto que Eiseley reconoce la diferencia). Blyth escribe: «No cabe la menor duda de que la forma original de las especies está mejor adaptada a sus hábitos naturales que cualquier modificación de esa forma». Por lo tanto la selección es una ley «planificada por la Providencia para preservar las cualidades típicas de las especies». Los depredadores imponen constancia a sus presas «erradicando todo lo que las aparta de su condición normal y sana, o que tiene lugar lejos de su hogar adecuado, a diferencia de las que realizan la función para la que las ha diseñado la Providencia. [...] El funcionamiento de este gran sistema es inmensamente sabio, y es así como percibimos la interminable multiplicidad de causas que tienden a limitar el rango geográfico de las especies, y a mantener sus caracteres puros sin manchas ni caries para la remota posteridad». ¡Esto no ofrece mucho consuelo a un evolucionista!

Con esto, la acusación de Eiseley se reduce considerablemente. No puede acusar a Darwin de coger la idea de la selección de Blyth, y debe admitir que la refundición de la selección como agente del *cambio* supone una de las grandes reformulaciones del pensamiento occidental. Una desordenación creativa es justamente la esencia de la revolución de Darwin, y no puedo considerar demasiado relevante el hecho de que hallara en la obra de otro autor su primer contacto con la idea de que esta selección es una fuerza negativa. Pero ni en un aspecto menor como este es sostenible la teoría de Eiseley, quien parece no saber que la selección como fuerza de preservación es un concepto bien conocido por la biología creacionista. Así pues, Blyth no construyó nada original; más bien estaba transmitiendo un conocimiento general: la selección se ve como un fuego purificador de Dios. C. Zirkle escribió una monografía acerca de los usos de la selección natural antes de Darwin que garantizaba que la evolución *no* podía suceder.[8]

Aunque Darwin, en efecto, pudo haber leído en múltiples fuentes que la selección es un agente que utiliza Dios para asegurar la preservación, Eiseley debería demostrar de forma más directa que la hubiera absorbido directamente de Blyth. En cambio, lo único que demuestra es que Darwin había leído algunos artículos de Blyth, pero ¿y qué? Darwin era un lector voraz. Sabemos que admiraba mucho a Blyth, y que citó varias de sus observaciones en sus trabajos (por cierto, Blyth le correspondió tanto en su amistad como en su admiración, y nunca insinuó de manera abierta ningún «préstamo»), que aparecieron en una importante publicación que Darwin leía con regularidad.

Las reivindicaciones más específicas de influencia directa de los artículos de Blyth en Darwin se fundamentan en casos poco concisos y borrosos. El ejemplo con el que empieza Eiseley es que ambos autores se valían de un concepto peculiar: la «unión por anastomosis». Eiseley escribe que «una palabra extraña y poco común aparece de repente en el vocabulario de Darwin, coincidiendo con la aparición del mismo vocablo en los artículos de Blyth. [...] El carácter singular y un poco arcaico de esta palabra sugiere que Darwin la obtuvo de su lectura de Blyth». Pero lejos de ser arcaico, en aquel momento la unión por anastomosis era un concepto técnico dentro de un tema candente y apreciado por ambos, que era el del sistema quinario de la taxonomía. Los quinarios decían que todos los organismos se podían organizar por grupos, representados en cinco círculos interpenetrables; las conexiones entre los círculos se llamaban inosculaciones (literalmente, «besos»). De hecho, el artículo de Blyth es un ataque explícito a este sistema. Puede que el interés de Darwin por los percebes (¡les dedicó cinco volúmenes!) se deba precisamente a la posición anómala de estos dentro del sistema quinario, un esquema de clasificación que no admiraba más que Blyth.[9]

De todas formas, Blyth y Darwin no podrían haber tenido una concepción más antagónica en su visión general de la naturaleza, donde el primero representaba lo antiguo, con tanta firmeza como el segundo representaba lo nuevo. Las lecturas que hacen de la selección natural suponen la expresión más notable de dos puntos de vista incompatibles. Para Darwin, la selección es la fuerza creativa de la evolución. Si tuviera que resumir la esencia del darwinismo en un solo concepto, insistiría en el poder rector de la selección, cuya materia prima es la variación genética. Y es «aleatoria» en el sentido de que las mutaciones no nacen preferentemente para producir rasgos ventajosos. La adaptación es el resultado de la selección natural, que actúa de forma implacable generación tras generación para acumular las variaciones favorables a través del éxito diferencial de los individuos que mejor han conseguido que su simiente sobreviva. Los evolucionistas se han puesto poéticos en las metáforas con que describen la selección: Ernst Mayr la comparó con el trabajo de un escultor; George G. Simpson, con el de un poeta; Theodosius Dobzhansky, con el de un compositor, y Julian Huxley, con el mismísimo Shakespeare. Puede que las comparaciones sean arrogantes, e incluso tontas, pero reflejan la esencia del darwinismo: el poder creativo de la selección natural.

Por otro lado, Blyth era un teólogo natural de la vieja escuela. La unidad inmutable del diseño ya previsto era su santo y seña, y sus argumentos sobre la generosidad divina estaban un poco pasados de moda ya en su época. De hecho, en su versión más tosca del argumento del diseño, sostuvo que Dios hizo que las montañas fueran suficientemente altas para que se cubrieran de nieve; así el color blanco reflejaría el calor y evitaría que se convirtieran en «una mayor fuente de frío que radiara hacia todas partes», y que con la acción del sol en verano, la humedad retenida en el agua «proporcionaría, cuando fuera necesario, un suministro de agua a los cimientos y arroyos que irrigarían y fertilizarían una extensión más amplia de tierra».

El mundo de Blyth contenía «una Providencia omnipotente y prevista para la generosa condonación con la que nada que haya existido u ocurrido nunca puede quedarse al margen, pues todo conduce y funciona para el beneficio de un todo». La diferencial esencial entre lo viejo y lo nuevo reside en la ilustración de Blyth de la unidad divina: «El grandioso y hermoso, sublime y comprensivo sistema impregna todo el universo». Un buen ejemplo de ello es la adaptación de la perdiz nival en lo alto de las montañas, y la de las cumbres montañosas a la perdiz nival, puesto que la selección natural produce un «orden» aparente en un mundo que carece de una finalidad intrínseca. Pero no podemos decir que la cima de la montaña se adapte a la perdiz nival; en ese despropósito residen tanto la grandeza como la desesperación de esta «concepción de la vida», como la llamó Darwin en su propia reconstrucción del mundo.

En cualquier caso, las disputas sobre las prioridades tienden a sonar huecas a pesar del vigor con que se persiguieron. Las ideas son baratas. El uso de ideas, la reconstrucción sistemática de un mundo a la luz de dichas ideas es el material de las revoluciones intelectuales. Patrick Matthew desarrolló la noción de selección natural en 1831 (en el sentido de fuerza creativa a la que más tarde se referiría Darwin). Pero ¿quién de ustedes ha oído hablar alguna vez de Matthew? Presentó su postura en unos comentarios fragmentados en el apéndice de un libro sobre madera naval y arboricultura (que digamos que no era el lugar más propicio para reorganizar el mundo). La principal alegría de leer a Darwin reside en percibir la emoción de un hombre, todavía veinteañero, que sabe que tiene la clave para la reinterpretación de todo el saber biológico y antropológico, y que persigue esta reconstrucción de manera sistemática. Los árboles no dejaron nunca ver el bosque a Matthew. Darwin cortó en seco dos mil años de filosofía en una libreta con la siguiente declaración: «Platón dice en su *Fedón* que nuestras *ideas imaginarias* nacen de la preexistencia del alma, y que no derivan de la experiencia (léase "monos" en vez de "preexistencia")».[10]

4

EL FANTASMA DE PROTÁGORAS*

La hembra de la avispa albañil, *Monobia quadridens*, excava una cámara de cría escarbando un tubo en la médula de árboles y tallos. Ahí deposita una serie de huevos empezando desde el fondo del tubo y separando cada huevo del siguiente con un tabique de barro. Cada tabique está dispuesto de forma que la parte áspera y convexa mira hacia la luz del día, y la más suave y cóncava hacia el callejón sin salida, el final oscuro de la cámara. Las larvas se alimentan y se convierten en crisálidas dentro de las cámaras que la madre se ha encargado de abastecer de comida. Para emerger, las jóvenes adultas se arrastran hacia la libertad mordisqueando los ásperos y convexos tabiques. En caso de que los tabiques estén casualmente del revés (la parte áspera y convexa mirando hacia el callejón sin salida), las avispas adultas que emergen se abren camino en el tallo, y se amontonan hacia el oscuro final del tubo, donde acaban por morir. Parece ser que la avispa albañil ha desarrollado unas reglas de comportamiento programadas de forma estricta: tiene que salir por la parte convexa y rugosa. En la naturaleza, obedecer esta regla significa ir hacia la luz del día. Si un ser humano decide experimentar e intervenir girando los tabiques, la avispa no es capaz de acomodarse al

* Reseña de *The Evolution of Culture in Animals*, de John Tyler Bonner, y *Man, the Promising Primate*, de Peter J. Wilson.

cambio, lo que la lleva hacia la muerte, mientras obedece firmemente la regla inquebrantable.

Lo que les falta a las avispas, y que los humanos poseen en una incomparable abundancia, es el tema principal de ambos libros: flexibilidad en las respuestas conductuales. Bonner define la cultura como «la transferencia de información por medio del comportamiento», y estructura su fascinante libro a modo de estudio de la cultura en el reino animal, escalando la venerable cadena de seres vivos hacia los cerebros más grandes, hacia comportamientos cada vez más complejos, liberándolos de programas genéticos rígidos que limiten el comportamiento a una única respuesta. Wilson identifica la flexibilidad (es decir, esta liberación de programas genéticos para comportamientos concretos) como la clave de la promesa evolutiva: se remonta a los orígenes de la cultura humana y sus reglas estructurales y no genéticas (pero sí con bases biológicas) que seguimos para establecer sistemas de parentesco.

La flexibilidad humana tiene al menos tres orígenes complejos e interrelacionados. El primero es que poseemos un cerebro más grande, en relación con el tamaño de nuestro cuerpo, que el resto de animales (con excepción del delfín mular). Cuantos más circuitos tiene cualquier computadora, más capacidad tiene para obtener respuestas flexibles, que se incrementan (de hecho, estallan) a un ritmo mucho más rápido que el crecimiento de su sustrato material. Una máquina simple puede con un tres en raya, y las computadoras más complejas pueden poner en un compromiso a los grandes maestros de ajedrez. Puede que la metáfora sea un poco entreverada, pero me parece fascinante el hecho de que nuestro cerebro contenga más información que, en un sentido técnico, todo el ADN de nuestros genes.

El segundo es que nuestros cerebros han evolucionado en buena medida gracias al proceso evolutivo de la neotenia: el desarrollo se ha ralentizado, con la consecuente acumulación en la edad adulta de los rasgos que caracterizaban los estadios juveniles de nuestros antepasados. Mantenemos un índice de crecimiento de neuronas en el feto muy rápido que se extiende mucho más allá del nacimiento (cuando, en la mayoría de los mamíferos, ya está casi completo), y acabamos nuestro crecimiento con el cráneo bulboso y el cerebro relativamente grande característico de los primates jóvenes. Además, la neotenia también desacelera nuestro proceso de maduración y nos proporciona un período más largo de aprendizaje flexible en la infancia. Creo que la analogía entre el asombro infantil y la creatividad adulta, más que una metáfora, es biología de la buena.

Tercero, como primates pertenecemos a uno de los pocos grupos de mamíferos que tienen la forma del cuerpo tan poco especializada que disponen de una capacidad morfológica para explotar todo un abanico de entornos y formas de vida. El murciélago ha comprometido sus patas delanteras para volar, el caballo para correr, y la ballena para remar y mantener el equilibrio. A nivel humano, la cultura y la inteligencia han exigido la evolución de unas patas libres y unas manos dotadas de la capacidad de manipular y manufacturar herramientas (ambas palabras derivadas de *manus*, «mano»). Los mamíferos no especializados morfológicamente son los únicos que no se han comprometido de manera inflexible con cierto modo de vida, lo que es una condición imprescindible para el desarrollo de la inteligencia.

Bonner y Wilson, a pesar de compartir el énfasis en la flexibilidad como sello de lo humano, han escrito dos libros muy distintos desde dos tradiciones intelectuales relacionadas con sus respectivas filiaciones profesionales: Bonner es un biólogo de Princeton, y Wilson un antropólogo de Nueva

Zelanda. Debo confesar que, aunque comparta profesión con Bonner, me siento más atraído por la postura de Wilson.

Tanto los ecologistas como los evolucionistas se quejan con amargura de que a menudo los biólogos moleculares dejan de lado el asunto a tratar e intentan explicar los organismos en función de la química y la física de las partes constituyentes. Los evolucionistas critican este reduccionismo grosero y defienden la validez de su empresa apelando al pluralismo y las teorías de los niveles jerárquicos. Aun así, como el niño que juró que nunca echaría a los niños de la cancha de baloncesto cuando fuera mayor, pero que luego no supo resistirse al poder de la madurez, los evolucionistas a veces adoptan una actitud arrogante frente a la disciplina que se encuentra un peldaño más arriba en la escala de las disciplinas: las ciencias humanas. Condenan el particularismo supuestamente ateórico de sus colegas antropólogos, y argumentan que las cosas irían mejor si todos los estudiantes de la humanidad se preocuparan de sus propios asuntos y cedieran el control explicativo a los biólogos evolucionistas.

Dada la curiosa manera en que está organizado, el libro de Bonner se puede inscribir en el estilo reduccionista. Admite una necesidad personal de descubrir los verdaderos orígenes de la cultura humana, mucho antes del crecimiento evolutivo de la humanidad, y rechaza de forma explícita cualquier tipo de discontinuidad en la naturaleza, que supondría una violación de cierto principio preeminente de uniformidad: «Soy uniformista y creo que los cambios evolutivos fueron relativamente graduales, y que podemos encontrar las semillas de la cultura humana en un estadio muy temprano de la evolución». A partir de ahí empieza a hablar de la motilidad de la bacteria (la reacción rápida y flexible frente a la respuesta genética lenta) y, como el gusano al que se refiere Ralph Waldo Emerson al principio de su *Nature*, «remonta las espirales de la forma» hacia la flexibilidad propia del hombre. Clasifica todos los datos del comportamiento animal según el rango que ocupan en la cadena de los seres vivos, definida según el crecimiento del tamaño del cerebro:

> Hay una relación inversamente proporcional entre el momento en que aparece un grupo en la historia de la tierra y el tamaño de su cerebro. En un extremo del espectro están los peces con sus pequeños cerebros, y en el otro, los mamíferos que poseen los de mayor tamaño. Este fenómeno sugiere una tendencia al incremento en la habilidad de aprender, y al incremento en la flexibilidad de respuesta.

Invoca también otros criterios, todos ellos ampliamente desarrollados en torno al principio de «más es mejor». En un pasaje revelador, Bonner clasifica las especies de insectos sociales según el tamaño del grupo: «La razón por la cual se debe considerar que se trata de un estadio más avanzado es que estas colonias son más grandes, con una población de entre trescientos y ochenta mil individuos». Quizá nos encontremos con el mayor regalo en lo que se puede considerar un desliz por su parte, cuando abandona su habitual terminología (bastante dudosa) de organismos «superiores» e «inferiores», y se refiere a las criaturas prehumanas como «animales menores».

Si la cadena de los seres fuera una forma de organización ineluctable, en vez de una presunción injustificable (como sostengo), no podríamos contradecir la perspectiva continuista de Bonner. La vida se movería en una sola dirección, y los humanos, en lo más alto, podrían ser debidamente analizados en términos biológicos como los herederos mejorados de todo lo que ha sucedido antes que ellos. Pero la evolución no es una escalera, sino un entramado con muchas ramificaciones, así que no consigo ver cómo es posible que nosotros, portavoces de unos pocos cientos de especies de mamíferos, podamos declararnos superiores a las tres cuartas partes del millón de especies de insectos que seguramente nos sobrevivan a todos, por no mencionar las bacterias, que han demostrado tener una capacidad de resistencia durante más de tres mil millones de años.

Bonner es consciente de esta dificultad cuando tiene que admitir el éxito dudoso de sus criaturas menores:

> Aunque los mamíferos han tenido éxito en el curso de la evolución, especialmente los primates, el resto de vertebrados, como los peces, anfibios, reptiles y pájaros, tendrían que haberse extinguido. La selección, sobre todo en los medios más complejos, encuentra muchas soluciones afortunadas, cada una de las cuales se corresponde con los nichos ecológicos disponibles.

Pero quizá la verdadera lección de esta observación es la afirmación del aforismo darwiniano: «no digas nunca "superior" ni "inferior"». Y si abandonamos la venerable cadena de los seres, perdemos el marco más prometedor desde el cual mirar la cultura humana en términos biológicos como una extensión, casi necesaria, de las tendencias evolutivas más longevas.

La conjetura de Bonner se apoya también en otro argumento de la tradición reduccionista: el estilo atomístico y adaptacionista del neodarwinismo moderno, que tiende a disolver organismos enteros en diferentes partes constituyentes, y argumenta que la mayoría de las partes deben su forma al molde de la selección natural. Con arreglo a este punto de vista, el problema de la evolución cultural reside en descubrir la relevancia adaptativa de cada característica individual. En cierto sentido acepta la forma extrema del argumento que

Richard Dawkins popularizó en *El gen egoísta*[1] y que luego atacó Sewall Wright[2] (fundador de la genética de las poblaciones), quien, a los noventa y cinco años, lleva medio siglo librando esta batalla. Dawkins da un paso más allá de la reducción por partes y ve los mismos genes como el foco principal de la selección natural. Los cuerpos se convierten en meras «máquinas de supervivencia», hogares temporales de los genes que se unen en una lucha más que metafórica para hacer más copias de ellos mismos para las generaciones futuras.

Me parece un punto de vista poco justificable. La selección no puede «ver» genes, y solo puede funcionar a través del diferencial de nacimiento y muerte de los organismos. Casi todos los genes tienen efectos múltiples, y muchos de ellos son irrelevantes para la adaptación. Los cuerpos no son un inventario de partes producidas por genes individuales, sino más bien estructuras integradas cuyas partes no siempre pueden reemplazarse dependiendo del capricho de la selección. Las formas orgánicas no son una colección de adaptaciones óptimas para su entorno inmediato, sino que son productos complejos de la historia, que no siempre pueden cambiar a su antojo para «mejorar». Cuando Bonner escribe que «la selección natural de una alimentación óptima es presuntamente la causa de no motilidad en todas las formas», no puedo evitar sospechar que a algunas plantas les iría mejor si pudieran caminar de la sombra al sol, pero sus limitaciones heredadas no les permitieron probar nunca esta intrigante opción.

La tradición de investigar explicaciones de adaptación por partes, heredada de la síntesis neodarwiniana de la biología evolutiva, define la esencia de la sociobiología. Al aplicar este tipo de argumento a los humanos, muchos sociobiólogos no son capaces de apreciar la interpretación de la transformación cultural no genética como una causa del comportamiento. Plasman el repertorio de comportamientos humanos en «cosas» (agresividad, xenofobia u homosexualidad), postulan ventajas selectivas para cada elemento (por lo general, contando una historia puramente especulativa) y completan un círculo de inferencia inválida postulando un gen (alimentado por la selección) para cada rasgo.

John Bonner es un pensador demasiado sutil como para participar en tamaño sinsentido, así que evita con inteligencia (y, de hecho, se opone, poniendo énfasis en la flexibilidad humana) cualquier tipo de explicación sociobiológica cuando se refiere al comportamiento humano. Pero esta lucidez primera lo lleva a la fuerza a un dilema que transforma lo que podría haber sido una obra maestra en un libro encantador. Bonner está comprometido con varias formas de reduccionismo: con el continuismo de la cadena de los seres en la que se conecta a los humanos con el resto de vida por medio de una ascensión gradual, y con la inclinación sociobiológica por las explicaciones adaptativas basadas en la lucha entre genes. Pero como (¡sabiamente!) no quiere utilizar este tipo de argumentos en los detalles que se refieren al comportamiento del ser humano, no tiene mucho que decir acerca de las bases biológicas de la cultura humana. De hecho, no le queda nada más allá de la poco sorprendente afirmación de que, gracias al tamaño de nuestro cerebro, hemos heredado la capacidad de desarrollar una cultura compleja, y que esta capacidad es adaptativa. ¿Y qué tiene esto de nuevo?

En realidad, su problema es el dilema principal que sufre la sociobiología humana: en ciertos momentos se dedica a especular y formular argumentos genéticos en torno a comportamientos concretos del ser humano, y ahí es donde se pierde en sinsentidos. Tampoco es muy esclarecedor cuando se muestra juicioso e implica a la genética solo para establecer la capacidad para el amplio espectro de los comportamientos condicionados culturalmente. Para mí, un dilema tan irresoluble nos indica que el intento de reducir las ciencias humanas tendrá una utilidad muy limitada.

Tal vez Bonner me replicaría, y puede que con razón, que he sido injusto con él. Su libro trata de la cultura en animales «menores», y ni siquiera dedica un capítulo entero a los humanos. Aun así, el fantasma de Protágoras impregna toda la obra, porque el hombre es la medida de todas las cosas. La decisión de ordenar las culturas animales en una cadena de los seres proyecta a los humanos como el referente inevitable para todo. Escudriñamos cada página del libro, a menudo en silencio. Este libro se puede leer y disfrutar como una descripción hábil y lúcida, llena de anécdotas fascinantes sobre historia natural. Pero no hay que esperar ningún tipo de revelación.

El enfoque de Peter Wilson es totalmente distinto. También empieza con una reflexión acerca de la biología humana, y pone el énfasis en la flexibilidad que nace de los cerebros de gran tamaño, la neotenia y la morfología no especializada. Pero luego evita cualquier tipo de extrapolación llana, y argumenta que mientras la biología proporciona unos fundamentos necesarios, la cultura humana supone un nivel de nuestras vidas que no se puede interpretar en términos biológicos.

Quienes defienden la postura contraria a esta perspectiva antirreduccionista a menudo la han considerado demasiado obcecada, a veces incluso mística. Aunque con cariño, Bonner caricaturiza este argumento de la independencia de la cultura humana:

> Es una condición que apareció como resultado de la complejidad de la mente de los primeros hombres. En este sentido, el antropólogo cultural lo consideraría biológico, pero una vez apareciera, cobraría vida propia y sus nuevas propiedades no

se podrían entender en términos de un estadio inferior. Por decirlo de otra manera, se autopropulsó y, como el alma, se separó del cuerpo.

Pero no hay nada de místico en la noción de que existen distintos niveles jerárquicos que no se pueden simplificar uno tras otro. La afirmación de que la cultura humana es independiente no es un argumento de inefabilidad fundamental (como un alma), sino que responde a la necesidad de explicar la cultura utilizando unos principios distintos de los que abarcan las leyes de la biología evolutiva. Nuevos niveles requieren también nuevos principios que no nieguen ni contradigan las explicaciones pertinentes para los niveles inferiores. Los principios estéticos no excluyen un análisis químico de la pigmentación de la *Mona Lisa*; pero solo un tonto usaría la química para explicar la esencia del atractivo de la chica. Por eso la noción de niveles explicativos jerárquicos parcialmente independientes me parece una afirmación de sentido común, y no un galimatías misterioso o filosófico. También veo la teoría jerárquica como una aproximación indispensable para efectuar un buen análisis de la cultura humana.

Como es evidente, debemos tener cuidado con el prejuicio cultural más arraigado de todos: nuestro deseo casi desesperado de hacer que los humanos sean especiales y superiores al resto de animales de la tierra. Por consiguiente, debemos escrutar con rigor cualquier propuesta que propugne la singularidad humana, reconocer los elementos de continuidad que existen entre el comportamiento social de los humanos y los del resto de animales, y apreciar el hecho de que algunos animales poseen expresiones rudimentarias de lo que llamamos cultura humana. A pesar de todo, no podemos alargar la escalera extrapolando de las amebas a los monos y subir hasta las personas. No somos mejores: somos distintos debido a que el cambio en la fabricación básica de los sistemas sociales tiene lugar, como no ocurre en ningún otro animal, con la transmisión no genética de información generación tras generación; en resumen, a través de la cultura. (Es verdad que algunos pájaros enseñan canciones a sus crías, que seguramente van sufriendo alteraciones a través de la tradición cultural de las distintas generaciones; pero un cambio notable en la estructura básica de las sociedades animales requiere una modificación genética.)

Las teorías darwinianas (y el resto de las teorías biológicas) del cambio evolutivo son fundamentalmente proposiciones de tipos de modificación genética. ¿Qué más podrían ser? La evolución cultural humana sigue caminos sin duda diferentes de los del cambio genético. Los biólogos creen que el cambio genético es ante todo darwiniano: es decir, que ocurre porque la selección natural opera sobre la variación indirecta. La evolución cultural humana es lamarckiana: los descubrimientos útiles de una generación pasan directamente a las crías a través de la escritura, la enseñanza y así sucesivamente. La evolución biológica difiere constantemente: una vez que los linajes se separan, no pueden amalgamar, excepto en la producción de nuevas especies por hibridación, un proceso que tiene lugar muy pocas veces en los animales. Los árboles tienen la topología adecuada para la evolución biológica.

Por otra parte, la transmisión y la anastomosis están a la orden del día en la evolución cultural humana. Basta con que un artesano pase cinco minutos con una rueda, una raqueta de nieve, una bobina o un arco y una flecha para que una cultura se haga con los logros importantes de otra. Se pueden perfilar analogías fructíferas entre la evolución cultural y la evolución biológica, pero no dejarán de ser analogías. Los procesos son distintos, aunque la cultura humana tenga una base biológica. La evolución cultural necesita sus propias leyes, y esta afirmación no es ni una llamada a la desesperación ni a las esperanzas de una coherencia intelectual; se trata simplemente de reconocer la estructura jerárquica del mundo y de lo que espero sea un desafío intelectual en toda regla.

Como alguien ajeno a su profesión, no puedo juzgar las razones por las que Wilson busca la raíz principal de la cultura humana en los orígenes del parentesco, pero sí soy consciente de que su estilo se ajusta al modelo jerárquico que me parece indispensable para el análisis de la cultura humana. Wilson no evita la biología; de hecho, empieza con ella y la considera fundamental tanto en el sentido general como en el concreto. Somos el «primate prometedor» porque nuestra flexibilidad biológica nos permite (por primera vez en la historia de la vida en la tierra) entrar en el mundo rápido y acelerado de la evolución cultural lamarckiana. Más en concreto, desarrollamos el parentesco (la base de nuestra estructura social) produciendo una intersección entre dos relaciones biológicas fundamentales: el «vínculo primario» que une a madre e hijo, y el «vínculo de pareja» que une a macho y hembra. Otros primates basan su agrupación social según uno u otro criterio, pero no los combinan de forma estrecha e integrada.

La única figura que pivota y es común a ambos vínculos es la hembra adulta. Si observamos por separado los dos vínculos, pasamos por alto el concepto de paternidad. Las hembras mamíferas deben alimentar a sus crías, y es evidente que los machos y las hembras deben unirse para producir esas crías. Pero la paternidad definida como la crianza por parte de los machos (y no el servicio ofrecido en tanto que semental) no representa una necesidad biológica. Wilson defiende que el concepto de paternidad aparece en criaturas suficientemente inteligentes como para abstraer el principio genérico de «relación» y unir los vínculos primarios con los de pareja. Una vez comprendido el principio abstracto de unir los dos tipos de relación para crear una tercera forma, se puede hacer extensible a la producción de grupos sociales más complejos basados en el parentesco. Para ello, Wilson localiza los cimientos de la organización social humana en esta regla estructural y no biológica:

> Si es posible crear una relación combinando las dos existentes, obtenemos un principio de transitividad con el cual la conexión entre dos individuos se puede transferir a un tercero. [...] Si juntando el vínculo de pareja con el primario es posible crear una relación de padre, al cruzar el sexo y la generación de crías no quedan barreras. Las relaciones entre dos individuos se pueden prolongar indefinidamente a través de los miembros que tienen en común. La extensión del vínculo primario y la dilatación del de pareja nos llevan a una unión que es la base de la organización social generalizada típica de la especie humana. Solo entonces es posible el parentesco, y con él obtenemos el principio más flexible, generalizado y adaptativo de organización grupal en el orden de los primates.

El argumento tiene una base biológica, tanto por la existencia de los vínculos primario y de pareja como por la inteligencia que requiere comprender su conexión abstracta. Pero el resultado (la noción de paternidad y la extensión de este principio a un sistema de parentesco), aunque tenga consecuencias relacionadas con la supervivencia y la cultura y la biología se retroalimenten, en sí no es un fenómeno darwiniano. Como dice Wilson: «Un rasgo característico de la especie humana es que, aunque los individuos tienden por naturaleza a vivir en compañía y les resulta necesario hacerlo, no existe una forma instintiva universal que los lleve a hacerlo».

El título de la obra de Wilson encierra (conscientemente) un doble sentido: la especie humana es prometedora en tanto que su flexibilidad abre múltiples opciones, pero esta promesa también asume una función más específica. Una mujer no siempre puede desempeñar los dos roles de pareja y madre al mismo tiempo. A menudo tiene que suspender uno de los dos de manera temporal. Para proteger el rol que se ha descuidado de manera momentánea tiene que representar de alguna manera sus intenciones futuras, o sea, hacer promesas. El reconocimiento de una promesa precisa el poder de la mente de abstraer y desarrollar la noción de futuro. Wilson ve la necesidad estructural de la promesa como un ímpetu de conciencia.

No me convence la metodología de Wilson, que sigue la tradición de Hobbes y Rousseau, de dar argumentos basados en presuposiciones y lógica, en vez de hacerlo a través del contacto empírico con el mundo. Más bien me limita la tradición pragmática anglosajona, y me pregunto sobre el valor de esta vieja tradición especulativa. Aun así, el trabajo de Wilson me parece muy prometedor en un tercer sentido: da cuenta de la singularidad legítima de la cultura humana, y al mismo tiempo extiende una mano cordial a la biología. Excluye los diseños imperialistas de algunos biólogos sobre las ciencias humanas, a la par que considera necesaria la perspicacia del mundo darwiniano. Una verdadera relación de compañerismo sin inmersión ni ignorancia. No veo ningún otro camino para establecer una ciencia de la cultura humana que sea satisfactoria.

SEGUNDA PARTE

TIEMPO Y GEOLOGÍA

5

EL PODER DE LA NARRATIVA*

En el comienzo del segundo acto de *Patience*, de Gilbert y Sullivan, lady Jane entra en un escenario vacío, se sienta detrás de su chelo y en dos versos se lamenta por los cambios sufridos por la edad. En el primer y convencional recuento, lamenta lo que ha perdido con los años, pero en el segundo (hablando sobre todo del peso) informa de un aumento constante: «Habrá demasiado de mí en el porvenir». El sentido del humor de esta canción tiene que ver con la noción unilateral de que lo viejo es algo maltratado, usado y cada vez más desprovisto de información.

A menudo los investigadores caen en las mismas suposiciones falsas de que los casos contemporáneos proporcionan la mejor información, mientras que los registros científicos se vuelven cada vez menos amplios y fiables a medida que pasa el tiempo. En tal caso deberíamos suponer que, para entender la ciencia, un historiador o un sociólogo deberían estudiar los debates y los descubrimientos que se están cociendo en un momento dado. Pero si nos paramos a pensar por un momento en nuestra era tecnológica, nos daremos cuenta de cuán falaz es esta idea. Las máquinas han hecho que los datos sean más efímeros o, incluso, que no se registren. El teléfono es el mayor enemigo de los estudiosos: lo que

* Reseña de *The Great Devonian Controversy: The Shaping of Scientific Knowledge among Gentlemanly Specialists*, de Martin J. S. Rudwick.

nuestros antepasados intelectuales solían escribir en tinta ahora pasa por un cable que desemboca directamente en el olvido (salvo en los casos en que se mezcla la buena fortuna con una ética cuestionable, como el asunto de las escuchas de la Casa Blanca).

Además, con la decadencia del arte de escribir cartas, muchos científicos han abandonado la palabra escrita en las diferentes aplicaciones que tenía: desde los diarios (que ya están pasados de moda) a las notas de laboratorio (que ahora pasan directamente a un formato que pueda «leer» una máquina). El presente es como un páramo verbal.

La paradoja estriba en que la abundancia de datos, como hizo lady Jane, debería ocupar una especie de madurez que fuera lo suficientemente adulta como para evitar la humillación tecnológica de la modernidad, y lo bastante joven como para anticiparse a las pérdidas inevitables de la destrucción del tiempo.

La «gran polémica sobre el Devónico» tuvo lugar durante la década de 1830, unos años sin parangón en lo relativo a la densidad de detalles registrados. La polémica empezó con una dificultad aparentemente menor para fechar los estratos de Devonshire y acabó dando lugar al nacimiento de un nuevo punto de vista sobre la historia de la tierra. Martin Rudwick puede anotar a diario en una base de datos el trazo del curso de cambios complejos y variados: poco más que conversaciones sobre el café y la cerveza, o reflexiones de antes de ir a dormir, antes de que se apague la vela, que no aparecen en este libro. Pero la densidad de datos no significa lo que defiende la falaz premisa de que «más es mejor». El contenido también tiene que ser importante y expansivo. Después de una mirada superficial, probablemente la mayoría de los lectores de buena fe y conocimientos amplios rechacen *The Great Devonian Controversy* por tratarse de un examen exhaustivo de un asunto de muy poca importancia.

Estarán cometiendo uno de los peores errores de sus vidas intelectuales.

La escala temporal geológica es una tarta con muchas capas llena de nombres raros, que generaciones de estudiantes se aprendieron, entre quejas, a través de procesos mnemotécnicos demasiado insulsos o salaces como para difundirlos: Cámbrico, Ordovícico, Silúrico, Devónico... Su ubicuidad en toda la literatura sobre geología ha llevado a los estudiantes a sospechar que, al igual que las rocas que designan, estos son nombres que han existido desde tiempos inmemoriales (*et nunc, et semper, et in saecula saeculorim, amen*). De hecho, la escala temporal geológica se estableció en una explosión de investigaciones tremendamente fructífera que tuvo lugar durante la primera mitad del siglo XIX. En 1800 los científicos sabían que la tierra era muy vieja, pero no habían diseñado ningún tipo de esquema para ordenar los acontecimientos y crear una historia real. Todavía no se había desarrollado el criterio primario para desentrañar esta secuencia de acontecimientos únicos que formaron una historia compleja de la vida tal como la registran los fósiles. De hecho, muchos científicos notables rechazaban todavía el que las especies se pudieran extinguir en una tierra debidamente creada por una deidad benevolente. Los geólogos de 1800 se enfrentaban a una situación no muy diferente del dilema hipotético y casi impensable que afrontarían los historiadores si supieran que las culturas modernas tienen antepasados registrados por algún tipo de artefactos, pero no supieran si Keops precedió a Chartres o si, por ejemplo, alguna cultura, por vieja o diferente que fuera, habría sobrevivido en alguna región todavía inexplorada.

ERAS GEOLÓGICAS			
Era	Período	Época	Inicio aproximado (en millones de años)
Cenozoico	Cuaternario	Holoceno Pleistoceno	
	Terciario	Plioceno Mioceno Oligoceno Eoceno Paleoceno	65
Mesozoico	Cretácico Jurásico Triásico		225
Paleozoico	Pérmico Carbonífero Devónico Silúrico Ordovícico Cámbrico		600
Precámbrico			

En 1850 la historia había sido ordenada en una secuencia consistente y global de sucesos únicos e irrepetibles, definidos por una historia de la vida en constante cambio, y registrada mediante un conjunto de nombres aceptados y usados de manera uniforme desde Nueva York a Moscú. Esta «organización de la historia» fue un acontecimiento relevante en los anales del pensamiento humano, seguramente tanto como el «descubrimiento del tiempo», más teórico y mucho más alabado por las generaciones anteriores de geólogos. Sin embargo, mientras que no paramos de elogiar a Galileo, Darwin y Einstein, ¿quién ha oído hablar, aparte del reducido círculo de profesionales, de William Smith, Adam Segwick y Roderick Impey Murchison, los arquitectos de nuestra escala temporal geológica y, en consecuencia, los constructores de nuestra historia? ¿Por qué sus logros, tan importantes como muchos otros éxitos de la ciencia, han pasado desapercibidos?

Debemos resolver esta cuestión ultrajante para apreciar *The Great Devonian Controversy*, pues el libro seminal de Rudwick cuenta la historia de cómo se identificó y descifró uno de los períodos más importantes de la historia de la tierra, el Devónico, que ocupa una etapa crucial, hace entre 410 y 360 millones de años, cuando la vida floreció en los mares y las plantas, y los vertebrados empezaron a abundar en la tierra. No comprenderemos la importancia de esta hazaña si nos dejamos llevar por la intuición común y consideramos la geología estratigráfica como una «mera descripción», una fabulación, una narración poco precisa. *The Great Devonian Controversy* nos desafía a entender la historia natural como un estilo científico digno, con el mismo rigor e importancia que la más relevante de las actividades de experimentación y cuantificación que configuran el estereotipo de la ciencia a los ojos del público. En consecuencia, el éxito de este libro debería provocar una revalorización a gran escala de la ciencia como actividad humana. Dentro de su formato modesto y altamente técnico, podría convertirse en uno de los documentos clave para entender la ciencia y su historia.

Como quienes escriben la historia de la ciencia suelen ser los investigadores que no practican el arte de hacer ciencia, a menudo imponen a esta maravillosa aventura humana un sutil énfasis en las teorías y las ideas, por encima de la práctica. En este sentido excluyo a Rudwick, quien antes de dedicarse a la historia de la ciencia ejerció una brillante carrera de paleontólogo. Por ejemplo, a menudo se elogia a un geólogo escocés de finales del siglo XVIII, James Hutton, por haber instigado la geología moderna, ya que su rígida teoría cíclica de la tierra estableció la base de un inmenso lapso de tiempo. Pero Hutton tuvo muy poco impacto en la práctica de la geología: su nombre se convirtió en un icono, pero su teoría quedó relegada a los arrabales de la especulación; los que se dedican a hacer geología llevan mucho tiempo haciendo caso omiso de sus aportaciones, y se dedican a otras cosas.

Como es evidente, la teoría impregna de forma necesaria todo lo que hacemos, pero algunos científicos deciden dejarla en un segundo plano y se ven más bien como recopiladores de los sucesos que tienen lugar en la naturaleza. A principios del siglo XIX, los fundadores de la Sociedad Geológica de Londres prohibieron de manera explícita cualquier tipo de discusión teórica en sus reuniones, y se dedicaron a lo que llamaron registro «baconiano» (o factual) de la historia. Relegaron a Hutton y otros geólogos de generaciones pasadas a las estanterías de la especulación y se comprometieron con el trabajo de campo, y sobre todo con la construcción inductiva de un patrón estratigráfico de la historia.

Cuando era joven y casi no comprendía la historia, me lamentaba por lo que consideraba el espíritu mezquino de estos hombres. ¿Cómo era posible que dejaran de lado ideas tan emocionantes, una visión expansiva, los motivos que tenían Buffon y Hutton para dedicarse a descubrir qué cosa estaba por encima de qué otra en las rocas? Ahora, en cambio, aprecio los motivos de estos hombres que, al fin y al cabo, forjaron la escala temporal geológica con sus propias manos y ojos. Por supuesto eran demasiado extremos, incluso poco sinceros en su rechazo radical de la teoría. Es evidente que sobrerreaccionaron a lo que les pareció un exceso de especulación en el pasado. Pero entendieron el principio cardinal de toda ciencia: que la profesión, como arte, tiene que ver por encima de todo con un hacer continuo y fructífero, y no con el pensamiento ingenioso; con afirmaciones que pueden ser probadas a través de la investigación empírica, no con pensamientos interesantes que no inspiran ningún tipo de actividad.

La mayoría de las rocas jóvenes de Inglaterra y del continente se prestaban sin demasiada dificultad a una clasificación estratigráfica coherente. Se disponen a modo de tarta con varias capas casi ideales, con la más antigua abajo y la más joven arriba. Hay muy pocas alteraciones por solapación, porque se estropean, o por inversión, cuando las capas más antiguas empujan a las más jóvenes. Pero las rocas viejas de la era Paleozoica de la escala temporal moderna (de hace 600 millones a 225 millones de años) plantean problemas más serios, sobre todo por tres razones que los geólogos de campo conocen bien: sufren más desperfectos y se solapan más a menudo; a causa del calor y la presión se han borrado fósiles, lo que ha extirpado las primeras creaciones de la historia, y muchas extensiones de tiempo no han quedado grabadas en los estratos, porque los episodios repetidos de formación de montañas o colisiones de continentes han destruido todas las pruebas.

La complejidad de las rocas del Paleozoico constituyó una seria amenaza para el programa de investigación estratigráfica. Si no se podían catalogar los estratos más antiguos mediante la resolución de su estructura a través de la cartografía, ni clasificar sus secuencias a través de los fósiles, la misma ciencia estaba condenada. Además, esta catalogación tenía una envergadura económica importante. El período de los grandes bosques fósiles o de los depósitos de carbón (el período carbonífero de nuestra escala temporal moderna, ubicado entre hace 360 y 280 millones de años) se encuentra en la parte superior de esta vieja pila. Si los geólogos hubieran descifrado qué estrato venía antes y cuál después, se habrían malgastado grandes sumas de dinero para perforar rocas que se consideraron más jóvenes que los «depósitos de carbón» pero que en realidad eran más viejas, con la esperanza de encontrar carbón debajo.

Las rocas de Devonshire se convirtieron en la clave para determinar la estratigrafía de las épocas más remotas. La mayoría de los estratos eran oscuros, densos y compactos, estaban retorcidos y se componían de una roca conocida por los canteros como «grauvaca». Siguiendo la tendencia persistente de inferir la edad según el tipo de roca (una vieja esperanza que no ha pasado el test de fiabilidad, pero que se mantiene como guía general), la grauvaca olía a vieja y parecía estar destinada a la última posición en la pila estratigráfica.

La polémica sobre el Devónico empezó en 1834 con la afirmación paradójica de los fósiles supuestamente encontrados en la secuencia de grauvaca en Devonshire. Henry de la Beche, quien más tarde fue director de la Sociedad Geológica de Londres, reivindicó el descubrimiento de plantas fósiles en la grauvaca de Devonshire. (No os dejéis engañar por el nombre francés: De la Beche, nacido Beach, fue un *gentleman* inglés, y este asunto es bastante relevante en el análisis de Rudwick.)

La manera en que Roderick Impey Murchison, el aristócrata y exsoldado acaudalado que transformó su gusto por las aventuras al aire libre en un compromiso profesional serio y a tiempo completo, respondió fue chocante e incongruente para el empirismo profesado por la Sociedad Geológica.

Murchison no había visto nunca las rocas de Devonshire, y aun así proclamó, con total rotundidad, que De la Beche había cometido un error monumental, a un nivel tan básico de cartografía y observación que solo un necio sería capaz de cometerlo. Explicó que las grauvacas eran viejas y pertenecían al sistema silúrico (nombre que él mismo inventó), pero que las plantas fósiles provenían de los tiempos de los depósitos de carbón, más tardíos, pues durante el Silúrico aún no había emergido la vida a la superficie terrestre. También apuntó que los estratos que contienen las plantas tenían que estar en la parte de arriba de la pila estratigráfica, y no en medio, como proclamaba De la Beche. La secuencia, además, tiene que contener una «inconformidad» manifiesta, o una brecha temporal en el depósito, si esas rocas jóvenes se encontraban realmente justo encima de las viejas grauvacas.

(Presento con pesar, e incluso un poco avergonzado, esta caricatura simplista de un argumento tan complejo y su consiguiente resolución. Rudwick insiste en la multiplicidad de fuerzas y argumentos que conducen a una resolución de estos debates, puesto que son el tema principal de su ensayo; y nos insta a ver el cambio científico como un proceso social de interacciones complejas basadas en la clase, el estatus, la edad y el lugar de residencia. De modo que, por limitaciones espaciales, me he visto forzado a describir el debate como una lucha entre dos hombres y un par de interpretaciones muy contradictorias, que más tarde se forjaron en una unidad. Basta con que lean el libro para ver una muestra de la verdadera riqueza de tal polémica.)

Murchison basó su respuesta arrogante y audaz en su confianza de que los fósiles son el criterio último para evaluar las edades de las rocas. No podía haber ningún problema más importante en el desarrollo de una metodología adecuada para reconstruir la historia. Los geólogos tuvieron que encontrar un criterio fidedigno; alguna característica de las rocas o su contenido que hubiera cambiado de una forma totalmente certera en el tiempo para producir una secuencia de estados únicos e irrepetibles y así crear una vara para medir la historia. La naturaleza no desvela sus secretos con facilidad. Los geólogos no han podido encontrar en ningún lugar de la tierra una pila entera de rocas inalteradas, donde se pueda evaluar la edad relativa, qué está encima de qué (un procedimiento que la jerga geológica conoce como «superposición»), con la simple observación. Los afloramientos de rocas son fragmentarios y están amalgamados; solo una pequeña parte de la secuencia adorna algún camino o parte del lecho del río. Necesitamos un criterio para unir unas piezas con las otras piezas aisladas (lo que se llama «correlación» en la jerga). Al igual que los arqueólogos se sirven de los anillos de los árboles de las vigas de soporte, los diferentes estilos de cerámica o la forma de las hachas para clasificar un grupo de pueblos ampliamente esparcidos en una secuencia temporal, los geólogos necesitaban, por encima de todo, un criterio histórico.

Han jugado con una amplia variedad de criterios y los han rechazado todos. El de las rocas ha sido uno de los más esperanzadores, y la base de la llamada teoría werneriana, que fue muy popular entre la generación que precedió a la polémica sobre el Devónico. (En el sistema de Werner, todas las rocas fueron arrojadas a un océano universal en orden de densidad. El granito cristalizó primero y le siguieron los sedimentos más convencionales. La demostración que hicieron Hutton y otros de que los núcleos de granito líquidos de las montañas habían invadido los sedimentos subyacentes desde abajo, y no desde la base de la pila estratigráfica, puso patas arriba la teoría werneriana; en efecto, el granito era más joven que los sedimentos suprayacentes y por lo tanto no era la roca más vieja. Además, y aún más importante, el granito podía haberse introducido en cualquier momento y, por lo tanto, la composición mineralógica de una roca no podía especificar su edad.)

Ahora podemos entender la vehemencia de Murchison. William Smith (inspector e ingeniero considerado el padre de los líderes patricios de la Sociedad Geológica) en Inglaterra y Georges Cuvier en Francia establecieron que el criterio historicista adecuado eran los fósiles. Ahora sabemos (cosa que no sabían Murchison ni sus colegas) que el motivo de que cada fósil tenga un ensamblaje único es la evolución. La extinción es realmente para siempre: una vez muere un grupo, los cientos de millones de estadios impredecibles que lo llevaron a originarse no se volverán a repetir exactamente de la misma manera. Todos los sistemas genealógicos de esta complejidad comparten una propiedad: generan secuencias únicas y, por lo tanto, pueden servir como criterio para la historia. Pero un científico no necesita entender la causa básica de esta particularidad, ni malinterpretarla. La demostración empírica es suficiente.

Según Murchison, con la afirmación de que las plantas fósiles de los depósitos de carbón pudieron haberse originado en el Silúrico o en rocas anteriores, De la Beche podría haber dado el paso más retrógrado imaginable. Abandonó el criterio fósil de la historia por cuya aceptación se había luchado tanto, y regresó al tipo de roca, ya desacreditado (la «vieja» aparición de la grauvaca). Murchison afirmaba que las plantas eran concluyentes: el estrato que las contenía tenía que pertenecer a los depósitos de carbón.

The Great Devonian Controversy es el seguimiento de la resolución de los puntos de vista diametralmente opuestos de De la Beche y Murchinson en una «nueva e importante forma de conocimiento del mundo natural». En sus cuatrocientas páginas (a las que hay que añadir la más densa y compleja documentación que he leído en mi vida), Rudwick muestra que la resolución no fue uno de esos compromisos tediosos que mezclan un poco de aquí y otro poco de allá para quedarse con un mediocre e insustancial punto intermedio entre las dos alternativas extremas. Esta resolución elemental confirió una nueva dimensión a la polémica; una suerte de solución que ninguna de las dos propuestas habría podido prever y que surgió del contexto de una polémica en plena vorágine cuando las dos posiciones iniciales habían llegado a un callejón sin salida. Valiéndose de una metáfora, Rudwick concluye:

> Las dos líneas de batalla [las dos interpretaciones iniciales] que al principio se enfrentaron cara a cara fueron filtrándose poco a poco hasta traspasarse y dejar atrás el campo que ambas defendían. [...] Significó el triunfo del desarrollo de una interpretación [...] alcanzar el conocimiento mediante un resultado imprevisto, inesperado y por encima de todo, *original*.

De la Beche pronto admitió que se había equivocado al establecer el mapa de Devonshire. El polémico estrato de las plantas se encontraba en la parte de arriba de la pila estratigráfica. Pero siguió empecinado en que procedían de las rocas del Silúrico, e insistió en que la secuencia no contenía discontinuidades (fracturas temporales en la sedimentación); las plantas estaban en la parte de arriba de la pila, pero toda la pila era silúrica. Por último, Murchison, muy a su pesar, dejó de lado su insistencia *a priori* de que la discontinuidad tenía que separar las rocas viejas de las plantas de los depósitos de carbón que estaban en la parte superior de la pila estratigráfica. Admitió la continuidad de sedimentación, pero insistió en que, según el criterio fósil, las plantas no podían ser del Silúrico. Sus nuevas posturas empezaban a estar más próximas, pero todavía eran irreconciliables, quizás incluso más que antes, ya que se había llegado a un acuerdo en cuanto a datos básicos de estructura y secuencia.

La resolución definitiva requería una nueva interpretación: las rocas que contenían las plantas, es decir, la mayoría de los estratos de Devonshire, no eran ni viejas (silúricas) ni jóvenes (de los depósitos carboníferos), sino que formaban parte de un período entremedio que aún no había sido identificado (el período devónico). Se había justificado el criterio fósil: Murchison no habría podido saber que las plantas de los depósitos de carbón habían crecido en una edad anterior todavía desconocida, mientras que estableció correctamente que estas plantas no podían haber habitado durante el ya conocido estrato silúrico. Por su parte, el criterio según el tipo de roca falló de nuevo: la grauvaca no representaba lo viejo. El concepto «devónico» hizo fortuna. No tardó en consolidarse como un estatus distintivo de la fauna mundial tanto en las rocas de Rusia como en las de Nueva York. En la década de 1840 el Devónico ya formaba parte del léxico geológico.

Como atestigua el subtítulo de su libro, Rudwick ve el conocimiento científico como una construcción social, que no se puede interpretar como si la naturaleza nos hablase directamente a través de pequeños acontecimientos en una lógica independiente del contexto humano. Era muy determinante el hecho de que el Devónico se hubiera codificado en Inglaterra, y lo hubieran hecho unos caballeros anglicanos que veían la Sociedad Geológica de Londres como su casa. Rudwick no toma partido en el estúpido e infructuoso debate entre realismo y relativismo. El estudio del entorno social no tiene por qué implicar la irrelevancia de un mundo factual o incluso su no existencia. Hace entre 410 y 360 millones de años pasaron muchísimas cosas, y el registro geológico ha enterrado esos acontecimientos en un montón de estratos. Pero una buena dosis de arbitrariedad debe ir acompañada de un análisis continuo del tiempo para poner el nombre adecuado a una serie de períodos. Las rocas no tienen por qué llamarse «devónicas» y los límites no tienen por qué fijarse hace entre 410 y 360 millones de años; estos datos no están grabados en letras doradas en las rocas, sino que son decisiones sociales. (De hecho, los límites del período Devónico se han fijado según el estándar general vagamente definido de que las divisiones más importantes de la escala temporal deben fijarse por episodios de extinciones masivas para formar unidades más o menos naturales: una de las cinco grandes extinciones de la historia de la vida tuvo lugar en el Devónico.)

Este tipo de decisiones son de vital importancia. Puede que los científicos se digan «¿A quién le importa el nombre que le pongamos mientras sepamos qué pasó?», pero no piensen ni por un momento que lo creen de verdad. Cualquiera que conozca un poco el mundo de las recompensas en el campo de la ciencia sabrá que los nombres y términos aceptados conceden estatus y privilegio y, en cambio, la verdadera historia no tarda en entrar en el olvido. (Charles Lyell consiguió uno de los «más rápidos» de la historia de la ciencia cuando unió las partes más aceptables del catastrofismo —la doctrina de los períodos en los que hubo destrucciones por cataclismos— con su propio punto de vista ahistórico y excesivamente gradualista, conocido con el favorecedor nombre de «uniformismo», que lo llevó a ser considerado el padre de la geología.)[1] Murchison, polemista y egocéntrico donde los haya, pronto se dio cuenta de lo que estaba pasando y fue lo bastante perspicaz como para defender su apreciado término «devónico»: «La perpetuidad de un nombre que designe cualquier conjunto de rocas a través de su investigación original es la mayor distinción a la que cualquier geólogo puede aspirar», escribió.

Sé por mi experiencia como participante en debates científicos que el registro explícito de publicaciones es absolutamente desesperanzador como fuente de conocimiento de los cambios, incursiones y resoluciones. Como sostuvieron Peter Medawar y otros, los trabajos científicos son ficciones comedidas o egocéntricas en sus intenciones de hacer ciencia; como mucho son reconstrucciones lógicas de los hechos, escritas a causa de sus propias exigencias a la razón, bajo la premisa de que los hechos argumentados llevan a conclusiones. Combinan varios niveles de interacción de complejidades, motivos contradictorios, pensamientos demasiado profundos tanto para echarse a llorar como para reconocerse en ellos, y todo ello sirve para dar forma al estilo complejo del conocimiento humano.

Tomemos en consideración una minúscula muestra de algunos de los niveles que se deben explorar para entender la polémica sobre el Devónico (y recordemos que solo el primero forma parte del debate público).

Empecemos con la presión que ejercen los datos, pues la naturaleza nos habla en tonos sutiles.

En segundo lugar, consideremos la configuración ideológica, que a menudo ni mencionan las publicaciones que hacen énfasis en la ficción de una determinación empírica. Tanto la lealtad de Murchison a los criterios fósiles como la renuencia de De la Beche a otorgarles un lugar privilegiado sientan las bases del debate. Las principales actitudes de la historia se encuentran integradas en estos compromisos dispares.

En tercer lugar, el marco general de la ciencia: los principales participantes de la polémica sobre el Devónico no eran geólogos académicos (la profesión, como tal, todavía no existía), sino caballeros que trabajaban con sus recursos privados (o con una pobreza decorosa que amenazaba su compromiso y los forzaba a luchar en una época en que todavía no se habían inventado las subvenciones públicas). Los artículos que publicaban acababan en los archivos, ya que los argumentos expuestos habían sido formulados y modificados mucho antes en los debates semiprivados de la Sociedad Geológica y otros lugares. (La ciencia moderna y sus «escuelas invisibles» proceden del mismo modo.) Aunque participaba casi un centenar de hombres (y sí, esta es otra realidad social: todos eran hombres), solo una docena de ellos eran realmente importantes y excluían a los que no poseían la clase, el grado de conocimiento y compromiso correctos, o simplemente a los que no podían asistir a las reuniones en Londres.

En cuarto lugar, pensemos en la utilidad práctica. Murchison convenció al zar de Rusia de que estaba malgastando recursos con la extracción del carbón en una cuenca de rocas silúricas. Si De la Beche hubiera estado en lo cierto acerca de las plantas devónicas, habría excavado mucha simpatía.

Quinto, la posición social y económica de los científicos: Murchison era lo suficientemente acomodado y gozaba de libertad para viajar (y también estaba ocupado en hacer campaña para obtener el título de *baronet*, que finalmente obtuvo). El estatus social de De la Beche era lo suficientemente alto, pero su fortuna familiar se vino abajo justo en los tiempos más duros. Convenció al gobierno para que lo colocaran de jefe de los estudios geológicos, con un salario; en ese sentido, los compromisos gubernamentales lo pusieron en una situación de desventaja con respecto al peripatético Murchison. A menudo ni siquiera podía asistir a las reuniones porque el trabajo de campo requería su presencia. Cuando Murchison atacó su interpretación de la estratigrafía devónica, De la Beche reaccionó con una furia difícil de entender hasta que te das cuenta de que la acusación de ser un cartógrafo incompetente suponía una verdadera amenaza para su sustento y la posibilidad de seguir ejerciendo cualquier tipo de trabajo como geólogo.

En sexto lugar, unas personalidades muy diferentes: Murchison, antiguo soldado aristócrata, tan cortante y seguro de sí mismo que llegaba a un punto de egocentrismo casi patológico. Solía describir todas sus actividades con metáforas militares, y reconocía no haber hecho nunca trabajo de campo para ver los acontecimientos *in situ*, ni había tenido conversaciones amistosas, con una pipa y una copa de vino en la mano, con sus adversarios: él libraba campañas. Por su parte, De la Beche, tanto en sus cartas como en discursos públicos, era más bien modesto y humilde. Juró y perjuró, una y otra vez, que no le importaba quién tuviera razón mientras se conociera la verdad. Si los llevamos a su valor nominal, puede que desarrollemos una fuerte predilección por De la Beche y una firme antipatía por Murchison.

Pero debemos sondear más allá del punto de vista superficial que nos den sus documentos privados. De hecho, ambos se comportaban de forma parecida en secreto, y luchaban para obtener un estatus. En cierta ocasión, De la Beche envió en secreto unas muestras muy importantes de roca al British Museum, con la intención de escondérselas a Murchison, puesto que si este se enteraba no podría denegarle el acceso a ellas. Pero acabó por descubrirlo, y forzó a De la Beche a entregárselas; este cedió y, de manera deshonesta, juró que lo había hecho sin ningún tipo de mala intención. Esta doble cara de De la Beche despierta un sentimiento de desconfianza hacia él a la vez que, un poco a regañadientes, estimula la admiración por la integridad de Murchison, a pesar de su carácter brutal, como refleja la siguiente nota dirigida a Adam Sedgwick:

> De la Beche no es más que un perro sucio. [...] Sé que es un completo comerciante, un maquinador, y hemos probado que es un completo incompetente en su campo de estudio. [...] A ti te escribe de una manera y a mí de otra.

Rudwick se las arregla para abarcar todas estas influencias en su narración, así como las opiniones bulliciosas, incisivas, cortantes y reduccionistas que contiene el debate. El libro está organizado a modo de sándwich bien gordo: 60 páginas de contextualización y metodología, 340 páginas de narración documental y 60 páginas de interpretación y conclusiones. Rudwick reconoce que no todo el mundo será capaz de leerse palabra por palabra la jugosa segunda parte, si tenemos en cuenta la realidad ajetreada en la que vivimos, e incluso nos da permiso explícito para saltarnos alguna parte si nos quedamos atascados. Pero los lectores no deben hacerlo bajo ningún concepto; debería ser ilegal. El editor debería bloquear las últimas sesenta páginas y no dejar entrar a nadie sin antes pasar un examen tipo test al final de la segunda parte, puesto que el valor del libro reside justamente en sus detalladas descripciones.

Leí el libro con ánimo positivo, sobre todo los fragmentos más densos, pero también con espíritu crítico. A mi modo de ver el libro tiene dos grandes problemas que están relacionados con su punto fuerte: la enorme complejidad del relato. Es difícil expresar esto sin parecer poco serio o incluso sonar antiintelectual, pero el cerebro, como el ojo, no puede concentrarse en tantas cuestiones profundas a la vez. Puede que nos perdamos aspectos genéricos importantes porque estamos demasiado concentrados en un detalle intrincado. Aunque se ha usado hasta la saciedad, el viejo cliché de que los árboles no dejan ver el bosque no deja de ser cierto. Aprecio el monumental trabajo de investigación que ha hecho Rudwick en unos tiempos de tanta mediocridad como estos, pero creo que tantos años inmerso en los detalles y el amor que ha desarrollado por cada uno de los aspectos que trata, por diminuto que sea, le han llevado a sopesar erróneamente alguno de los matices y perder de vista el importante mensaje que la resolución de la polémica sobre el Devónico supuso para la historia de la geología.

Mi primera crítica es estructural. Rudwick se enfrentaba a un problema colosal al tener que decidir cómo transmitir su minucioso trabajo sin precedentes, y lo resuelve con brillantez, en un texto comprensible. Por desgracia eligió un procedimiento que a mi parecer solo permite comprender enteramente el libro a un centenar de lectores en todo el mundo. En resumen, decidió seguir con estricta intransigencia la condición de historiador de que no se deberían leer los acontecimientos pasados a la luz de los nuevos conocimientos, que inevitablemente ignoraban los protagonistas de la época. No pondría en duda este credo como principio en general; al igual que cualquier otro, he fulminado la historia liberalista a placer, pero uno puede convertir un buen principio en casi un fetiche y que este acabe volviéndose en su contra.

Rudwick ha elegido ordenar cronológicamente su historia y no mencionar ningún acontecimiento posterior en ningún momento (no ha tenido ni el menor desliz al respecto). Aprecio su coherencia. En 1835 nadie sabía que unos años más tarde un nuevo bloque de la antigüedad resolvería la polémica; introducir vaticinios solo nos conduce a distorsionar la comprensión que podamos tener respecto a las posturas que adoptaron los demás al desarrollar sus teorías. Por eso Rudwick no deja escapar ni una palabra sobre la polémica acerca del Devónico hasta que aparecen Buckland, Sedgwick y Murchison.

El resultado es fiel a la narración pero profundamente confuso. ¿Cómo no iba a serlo? Los mismos protagonistas estaban terriblemente confusos: pónganse en su lugar. ¿Qué más se podría esperar? ¿Es esta la mejor forma de presentarlo a los lectores modernos? Si he podido descifrar el relato de Rudwick ha sido solo porque, como geólogo profesional, ya conocía los resultados de antemano. No creo que este conocimiento (del que en ningún momento he sido capaz de desprenderme) haya distorsionado mi punto de vista; por el contrario, me ha servido de ancla para reunificar los hilos desperdigados y trazar un relato coherente.

Citaré un ejemplo ilustrativo de hasta qué punto las informaciones modernas habrían aclarado las cosas en vez de distorsionarlas: las rocas devónicas no eran desconocidas en Gran Bretaña antes de la polémica. Una de las formaciones británicas más famosas y distinguidas, las Viejas Areniscas Rojas (otro de esos hermosos términos de los canteros), contiene una fauna rica de peces devónicos. Las Viejas Areniscas Rojas no se han resuelto por una cuestión muy interesante: los fósiles de organismos marinos forman las secuencias estratigráficas estándar, pero las rocas de las Viejas Areniscas Rojas del Devónico son originalmente de agua dulce. En consecuencia no son fáciles de correlacionar con las secuencias estándar. Un simple apunte que se puede formular en una sola frase y que puede ser de gran ayuda para entender las dificultades que presentó esta formación a los geólogos de la década de 1830 (que, por su parte, dieron por sentado que los peces habían vivido en el mar). La Vieja Arenisca Roja del Devónico y su problemática están presentes en casi cada página del libro, pero Rudwick no hace ninguna referencia al asunto del agua dulce porque no se reparó en él hasta la década de 1840; aun así seguimos confusos incluso después de que termine el relato. Solo descubrimos esta solución en el pequeño apéndice «El Devónico modernizado», pero ¿cuánta gente se va a leer los apéndices? Insisto en que, como geólogo, sabía la respuesta desde el principio y pude ahorrarme la frustración de que me metieran tal confusión en la cabeza. Los escritores de novela policíaca no desvelan el final desde el principio, pero incluso sus historias más rocambolescas son mucho más simples que la polémica del Devónico. Necesitas una tarjeta de puntos, medio llena por lo menos, para identificar a los personajes del drama de Rudwick.

Pero sigo defendiendo su estilo narrativo, que es el de un artista del cuento en todo su esplendor. La narrativa ha pasado de moda; incluso se supone que los historiadores deben imitar los estereotipos de la física y tener un carácter cuantitativo o cliométrico (siempre que se utilice de manera adecuada y no se caiga en un mal uso que lo devalúe). La narración es un arte y una ciencia del más alto rango, pero con una forma diferente. ¿Qué habría más apropiado que el que un libro que defiende la importancia de los científicos que sentaron las bases de la historia geológica también defendiera tan a conciencia el estilo narrativo de la escritura historiográfica?[2]

Mi segunda crítica es conceptual: estoy fundamentalmente en desacuerdo con su interpretación de cómo se resolvió la polémica. Su análisis está tan bien desgranado y es tan intenso su interés por cada detalle que no ofrece ningún tipo de criterio para categorizar la teórica importancia de los diferentes elementos que se resolvieron en la polémica. Como conoce todos los detalles, Rudwick ve que nadie «ganó» en el estricto sentido de llevarse los méritos. Pero ¿de qué otra forma se pueden resolver los problemas de gran envergadura? Nadie puede tener absolutamente toda la razón desde el principio. Cuando una polémica enfrenta a grandes científicos, cualquier solución a la que se llegue tomará elementos de los diferentes puntos de vista. ¿Quién podría equivocarse tanto como para resolverlo todo al revés?

Desde su detallado conocimiento de causa, Rudwick presenta el desenlace como un gran compromiso; una solución nueva en vez de una mezcla de los diferentes puntos de vista originales. Supone que la construcción social de algo tan complejo no podría juzgarse bajo una perspectiva de victorias y derrotas. Por ejemplo, escribe: «Podríamos hacer una analogía de la interpretación del Devónico consensuada con el éxito de un tratado negociado con anterioridad precisamente porque incorporaría las posiciones innegociables de ambas partes y así se reconciliarían».

Discrepo. Para mí la resolución de la polémica sobre el Devónico es una victoria clara de Roderick Impey Murchison, tan dulce y clara como ninguna otra que conozca del mundo de la ciencia. Los mismos datos que proporciona Rudwick lo demuestran. De la Beche se retira de la historia a mitad de camino mientras que Murchison se pone en cabeza para recoger el reconocimiento y los honores. Se le aclama como el «rey del Silúrico», recibe condecoraciones del zar de Rusia, y el Devónico (nombre y concepto que le debemos a él) deviene un período representativo de la historia de la tierra. Él mismo ve victoriosa su campaña. Además, el triunfo no es el cínico resultado de su recurrente egocentrismo, sino que gana porque se ha reconocido su concepto como el fundamento de la reconstrucción histórica.

Murchison había empezado con una afirmación extremadamente audaz e identificó los errores de De la Beche antes de haber visto las rocas. Cabe decir que se equivocó acerca de las edades de las plantas del depósito de carbón, pero tampoco tenía modo de saber que habían existido en un período anterior, cuando tal período ni siquiera había sido identificado. Supo que las plantas no podían ser silúricas, siguiendo el criterio fósil de la historia.

Si retrocedemos lo suficiente veremos que el debate sobre el Devónico forma parte de una lucha mucho mayor sobre los criterios adecuados para reconstruir la historia. Desde esta perspectiva podemos hacer una clasificación según la importancia relativa de cada elemento. La defensa del criterio fósil fue de vital importancia; Murchison lo repitió una y otra vez y dirigió sus mejores invectivas contra la voluntad de De la

Beche de abandonar este criterio para poder resolver el misterio de las rocas de Devonshire. Murchison estaba en lo cierto, y su precisión fue la piedra angular de la geología estratigráfica, que además nos permite entender el significado de la historia.

Es evidente que el criterio fósil no sobrevivió bajo la forma simplista que defendía Murchison al principio (como dije antes, nunca se hace todo bien a la primera). La correlación entre los peces de las Viejas Areniscas Rojas del Devónico con los mares devónicos probó que distintos ambientes podían albergar faunas diferentes a la vez, cosa que De la Beche ya había instado. Pero esto representa un refinamiento del criterio. Lo que no se puede tener, como De la Beche buscaba, es la entera extensión de la misma fauna a lo largo del tiempo; es decir, podemos encontrar diferentes tipos de fauna en un mismo período, pero no la misma fauna durante muchos períodos distintos. La historia es una serie de cambios irreversibles que dan lugar a una serie de estados únicos.

No me siento cómodo en el papel de Miniver Cheevy. He vivido la revolución de las placas tectónicas y sé lo que es la agitación geológica, pero algunas victorias del conocimiento son tan decisivas y dulces que una vez alcanzadas no podemos degustar su sabor de nuevo. No creo que ningún intelectual sienta emoción más grande que la de codificar un buen criterio para la historia y el subsiguiente descubrimiento de un buen fragmento de tiempo válido y reconocido por todo el mundo.

Debemos recuperar el compromiso con la historia rescatándola de la clasificación convencional y perjudicial de las ciencias según las posturas que consideran la secuencia de los acontecimientos en el tiempo como simples narraciones o descripciones. Qué mejor manera que la del elegante doble logro de Rudwick: una defensa explícita del saber y la modernidad de la investigación histórica (la narración como componente de orgullo) aplicada a la codificación geológica de la historia como uno de los grandes triunfos del entendimiento humano.

6

LA DIMENSIÓN PROFUNDA DEL TIEMPO Y EL MOVIMIENTO CONTINUO*

Leí *Basin and Range*, la reivindicación de la geología que realiza John McPhee, durante el largo trayecto en avión que hay de Portland a Boston. No me considero una persona madrugadora, pero llegué al aeropuerto mucho antes que el avión (casi antes incluso de que amaneciera) para asegurarme un «asiento de geólogo» (al lado de la ventana, en la parte de delante del ala y a la izquierda),[1] y todo para poder ver el monte Santa Helena, que no me decepcionó.

Puede que los volcanes, con su simetría y sus laderas sutilmente parabólicas, sean los objetos más desconcertantes en un mundo donde predomina la topografía irregular. Si se elevan por encima del paisaje local, como sucede en el noroeste de Estados Unidos, el efecto es todavía más impresionante. Cuando lo sobrevolé el pasado marzo, la nieve de las partes menos elevadas ya se había fundido, lo que dejaba todos los montículos de sus alrededores de un color marrón. Pero se alzaban firmes tres picos blancos y brillantes: el monte Santa Helena, con su nube de vapor que se alza trescientos metros hacia el aire, a su lado el monte Adams, y detrás el monte Rainier, el abuelito de la cascada de volcanes. Fue la mejor vista que jamás haya podido observar desde la ventanilla de un avión.

* Reseña de *Basin and Range*, de John McPhee, y *The Earth Generated and Anatomized*, de William Hobbs, editado por Roy Porter.

No se nos ha dado muy bien asimilar las grandes lecciones que nos ha brindado la geología: el movimiento continuo de la tierra y la inmensidad del tiempo (o, como lo llama McPhee, el «tiempo profundo»). Recuerdo perfectamente el catecismo que aprendí en la escuela primaria: el monte Lassen, que entró en erupción en 1914, es el único volcán activo de Estados Unidos (en aquel momento Alaska y Hawái eran todavía colonias). La historia escrita no guarda registros de ninguna erupción, así que dictaminamos que los fuegos internos se habían apagado definitivamente. El monte Lassen es uno de los picos de la cordillera de las Cascadas, de la que también forma parte el Santa Helena. Todos y cada uno de los volcanes que la conforman (el Shasta, el Hood y el Rainier, todos ellos) son potencialmente activos. El monte Rainier podría enterrar Seattle antes de que San Francisco sufriera otro terremoto.

La geología muestra su belleza irreducible a través de apariciones salvajes (nadie podría oponerse a este componente estético), pero la apreciamos aún con mayor profundidad cuando la entendemos. La cascada de volcanes se extiende en un cinturón lineal de cientos de kilómetros. ¿Por qué están tan alineados? ¿Por qué se detienen en el norte de California? ¿Por qué los volcanes suelen distribuirse en series lineales? Estas cuestiones no tuvieron una respuesta adecuada hasta después de que la teoría de las placas tectónicas revolucionara el mundo de la geología. En cambio, ahora sabemos que esta densa roca oceánica es empujada hacia abajo (subducida) por debajo de las rocas continentales más ligeras cuando los márgenes de dos placas (las grandes y delgadas «láminas» que conforman la capa superior de la tierra) chocan, una con roca oceánica y la otra con roca continental. Cuando la roca oceánica se desliza hacia la tierra por debajo de un continente, la fricción induce a una fusión parcial de la placa que se hunde y a veces incluso del manto de roca que la rodea. El material fundido puede elevarse en forma de cadena de volcanes en la superficie de la tierra justo por encima del borde hundido de la placa oceánica.

California golpeó (de hecho, casi absorbió y destruyó) contra una dorsal oceánica en el fondo marino hace millones de años. Por este motivo, desde San Francisco hacia el sur, la roca oceánica ya no se extiende hacia ni por debajo de América; pero por su parte del Pacífico se mueve hacia el norte a través de la falla de San Andrés. Todavía hay una grieta en la región del Pacífico al nordeste de San Francisco, y la roca oceánica del flanco este sigue expandiéndose por América, donde algunas de las rocas se funden y se elevan formando cadenas de volcanes. Cuando vi la alineación de los montes Rainier y Santa Helena, y el monte Hood si miraba por la ventanilla opuesta, casi podía ver el viejo suelo del océano Pacífico a cientos de kilómetros por debajo de mí, y aprehendí esos volcanes majestuosos como simples granitos, respiraderos menores de la tierra inquieta.

John McPhee ha sabido captar esta dualidad (la belleza en la particularidad y la satisfacción en la comprensión general) en su soberbio y muy personal libro de reflexiones. Admitía que las placas tectónicas han revolucionado el mundo de la geología durante las dos últimas décadas, y quería entender cómo había cambiado su profesión (y, por consiguiente, la tierra) desde que la estudió en un curso de la universidad al que asistió antes de la gran instauración. Sabía que no podría obtener la información que buscaba en los sermones didácticos de los libros de texto ni de las entrevistas a las figuras más destacadas del mundo académico. Así que tuvo que ir a inspeccionar el terreno con los geólogos y pasar algunos meses observando la rutina científica para captar cómo la revolución científica se filtra hasta el núcleo de la práctica. Es sabido que Dios vive en los detalles y la comprensión instintiva de las cosas solo puede surgir de una inmersión en los aspectos concretos. Como científico agradezco a McPhee que haya comprendido este aspecto central de nuestro trabajo; muy pocos de los que escriben sobre nosotros se dan cuenta de ello.

Antes de las placas tectónicas no existía ningún tipo de Dios, solo detalles. Los tradicionales cursos introductorios de geología eran catálogos de nombres de intervalos de tiempo, rocas y paisajes, que se merecían la etiqueta que les pusieron los estudiantes generación tras generación: rocas para deportistas.* Tanto McPhee como yo empezamos con un curso de este tipo. Nos ofrece su lista de términos que recuerda con cariño. Yo podría ofrecer la mía... Mi preferido era «lagos paternóster»: una cadena de piscinas conectadas que se forman a menudo en los bordes de los glaciares y que a alguien le recordaron las cuentas de un rosario, de ahí lo de lagos de «paternóster» [padrenuestro]. Los términos que aprendimos también se aplicaron al conejito que un amigo mío tenía de mascota: Inselberg Bornhardt. Más allá de estos acontecimientos, nunca les vi mucha más utilidad. En manos de un poeta prometedor, quizás el curso habría servido de inspiración; pero en general era terriblemente aburrido. Sea como sea, ya no importa, porque ya no se puede enseñar, gracias a Dios, puesto que no soy poeta y ahora soy profesor de esta asignatura en Harvard.

Las placas tectónicas nos han proporcionado una teoría unificada del comportamiento y la historia global de la tierra. Ha sido coordinada bajo una única rúbrica de fenómenos dispares como los orígenes de Islandia y de Hawái, la

* En el original, *rocks for jocks*, juego de palabras intraducible. *Jocks* significa «deportista», pero también es una manera ofensiva de referirse a los escoceses. (*N. de la t.*)

coincidencia de terremotos y volcanes con grietas y zonas de subducción, la adolescencia del suelo marino y la vejez de los núcleos continentales, y la gran extinción del Pérmico que acabó con casi el 90 % de los invertebrados marinos hace unos doscientos veinticinco millones de años. Islandia y Hawái se encuentran encima de respiraderos de roca fundida del interior de la tierra. Las grietas y las zonas de subducción marcan líneas de actividad donde las placas chocan, se extienden, colisionan y rozan entre ellas. El nuevo suelo marino se forma en las grietas, se extiende y desaparece en las zonas de subducción en un ciclo que se mide en decenas de millones de años, mientras que los continentes se mantienen encima de las placas y no se pueden subducir. La gran extinción coincidió con la fusión de todos los continentes en una única Pangea.

Ni este ni otros centenares de fenómenos pueden considerarse como hechos aislados. Ahora somos capaces de ver la tierra como una unidad integral. Nuestra ciencia (y nuestros cursos) se han vuelto muy interesantes; la geología ha recuperado el prestigio del que no disfrutaba desde que se descubrieron el tiempo profundo y la historia discernible a principios del siglo XIX, y los mejores científicos europeos se hicieron geólogos.

Al principio de su libro John McPhee está en el puente George Washington. Tiene sentido. El océano Atlántico ha vivido una historia de altibajos en los últimos quinientos millones de años. Existía ya en el amanecer de la vida moderna durante la gran explosión cámbrica de hace unos seiscientos millones de años pero se fue cerrando de manera gradual en los siguientes 350 millones de años y desapareció por completo cuando Nueva York chocó contra Europa al final del período Pérmico. Pero el Atlántico no tardó en abrirse paso de nuevo, y lo que empezó siendo un charco pasó a ser un canal para ir haciéndose cada vez más grande en el suelo marino, donde se ubicaba la dorsal Mesoatlántica. Los continentes modernos llevan unas marcas curiosas fruto de la colisión porque la desintegración de Pangea no ocurrió precisamente siguiendo las líneas de la sutura anterior. Algunas partes de la Europa antigua permanecen adheridas al extremo oriental de Norteamérica, cosa que sabemos gracias a los fósiles europeos que se encuentran en sus rocas, mientras que algunos pellizcos de la vieja América adornan las costas occidentales de Noruega y Escocia.

Gran parte de la geología de Nueva Jersey registra los estiramientos y desmembramientos que cambiaron el Atlántico. Pero Nueva Jersey es un fósil; la acción ahora tiene lugar a casi dos mil kilómetros al este, en la dorsal Mesoatlántia. McPhee quería ver las placas tectónicas en acción, así que se dirigió hacia el oeste con Ken Deffeyes, su mentor y profesor de geología de Princeton, hacia la provincia de Cuenca y Cordillera.

La provincia de Cuenca y Cordillera de Nevada es una amplia extensión de terreno que alterna cadenas paralelas de montañas y valles. Esta topografía es la expresión superficial de la actividad que tiene lugar debajo: la corteza terrestre se está estirando en la zona de Nevada. Como respuesta se ha ido fracturando en forma de una serie de fallas que discurren en perpendicular (de norte a sur) en la dirección del estiramiento (de este a oeste). En cada falla, las rocas de un lado caen mientras que las del otro dan lugar a una serie de colinas y valles.

La cascada de volcanes existe porque la zona de expansión del Pacífico oriental sigue en activo en el norte de San Francisco. Pero como ya dije antes, California pasó por encima de la misma zona más al sur, cuando la placa norteamericana se movió hacia el oeste, empujada por el suelo marino formado en la dorsal Mesoatlántica unos seis mil kilómetros al este. Se han propuesto muchas teorías para explicar la provincia de Cuenca y Cordillera en términos de placas tectónicas, pero todas ellas preveían la expansión de esta zona del Pacífico. En una de las versiones, toda la zona fue subducida por debajo de California y sigue en activo en Cuenca y Cordillera, elevando y separando Nevada. Sea como fuere, la topografía de esta zona registra la temprana historia de un potencial océano. Puede que las colinas y los valles paralelos sean el vivo recuerdo del rostro del este de Norteamérica, justo antes de que el charco atlántico reapareciera hace unos doscientos millones de años. McPhee fue a Cuenca y Cordillera para ver las placas tectónicas en acción, y el título de su libro es un símbolo de la reconstrucción de nuestra incesante tierra.

Basin y Range es una sucesión de capítulos disparatados pero también conectados de forma muy original que relatan el viaje de McPhee. Algunos son ampliamente secuenciales, ya que McPhee viaja con geólogos de las zonas de fósiles fracturadas de Nueva Jersey hacia la topografía activa de Nevada. En otros explora las diferentes consecuencias que tuvo el descubrimiento de las placas tectónicas, y examina los aspectos prácticos de la búsqueda de plata de Deffeyes en las minas de relaves abandonadas y contrasta las placas tectónicas con otra gran reconstrucción de la tierra que James Hutton introdujo a finales del siglo XVIII.

Cuando el estilo de McPhee funciona (que es bastante a menudo), triunfa con su prosa concisa y su extraordinaria capacidad para captar la esencia de un elemento complejo, o de un misterioso secreto comercial. Pensemos en la descripción topográfica que hace de Estados Unidos: «El cajón de Norteamérica. Si tiraras de él, los perros de la pradera caerían por un lado, y los caimanes por el otro», o en su metáfora orgánica del «tiempo profundo»: «Para representar todo el tiempo de la tierra, extiende las manos y observa la línea de la vida de una de ellas. El Cámbrico empieza en la muñeca, y la extinción del Pérmico está en el extremo exterior de la palma. El Cenozoico entero es la huella dactilar, y con un simple golpe con la lima de uñas podrías erradicar toda la historia de la humanidad». Si la geología tiene dos grandes temas, el tiempo profundo y el movimiento continuo, el resumen del segundo sería: «Si me ordenaran simplificar todo lo escrito en una sola frase, escogería esta: la cumbre del Everest está compuesta de piedra caliza marina».

Pero en la fuente de la extraordinaria fuerza de McPhee (su disposición a asociarse con científicos en su día a día) se encuentra también su mayor punto débil. Por decirlo brevemente, ha absorbido demasiado nuestra mitología; más en concreto, se ha dejado engañar por el misticismo del trabajo de campo. Ningún geólogo que se precie permanecerá atado a un despacho o un laboratorio, pero la encantadora idea de que la verdadera ciencia solo puede basarse en la observación imparcial de la naturaleza en bruto es un mito. En geología, como en cualquier otro ámbito, el trabajo creativo tiene que ver con la interacción y la síntesis: ideas medio cocidas de un bar, rocas en el campo, una sucesión de ideas fruto de paseos solitarios, números obtenidos de las piedras en un laboratorio, números de una calculadora postrada en el escritorio, equipos de lujo que funcionan a medias en barcos caros, el equipo barato ubicado en el cráneo humano, o una discusión acerca de un túnel de carretera.

Estos mitos suelen llevar a tergiversar a fondo el pasado, una tradición que sigue McPhee en la parte de su trabajo dedicada a la historia. (Lo que sigue en este ensayo no será un ataque de su maravilloso libro, sino una declaración de intenciones para que todos volvamos al hábito del pensamiento común.)

El movimiento continuo, uno de los dos grandes temas de la geología, solo consiguió explicarse cuando se desarrolló la teoría de las placas tectónicas durante la década de 1960. El libro de McPhee se centra en esta revolución contemporánea. Pero el tiempo profundo triunfó hace ciento cincuenta años, y me parece que esta primera revisión integral merece un repaso histórico. James Hutton (1726-1797) es el héroe convencional del tiempo profundo y, aunque no pongo en duda lo que se le atribuye, sí que retaría a McPhee a ser más crítico a la hora de adoptar la explicación habitual del punto de vista de Hutton.

Hutton desarrolló una teoría de la tierra que proponía como correlación y condición *sine qua non* que «el tiempo, que en nuestro imaginario lo mide todo y suele ser imperfecto dentro de nuestros esquemas, en la naturaleza es ilimitado y no cuenta para nada».[2] Propuso el concepto de una «máquina mundial» que no dejaba de dar vueltas y que haría que la historia de la tierra fuera tan metódica y atemporal como su movimiento celestial. Las rocas continentales se erosionan y se depositan en el fondo del océano en forma de gruesas secuencias de sedimentos. Entonces el calor subterráneo funde los sedimentos y los consolida como rocas. Ese mismo calor expande, fractura y eleva las rocas hacia nuevos y viejos continentes; los continentes erosionados se transforman en la base del océano. La tierra y el mar intercambian el sitio, pero al final el mundo sigue siendo el mismo y el ciclo empieza de nuevo. Dios dio una vez comienzo a las cosas, y sin duda decretará su final, pero estos asuntos van más allá de la comprensión científica. Como geólogos solo podemos observar e inferir los ciclos de la máquina mundial; en estas investigaciones no hay ningún indicio que apunte a que los ciclos vayan a terminar en el futuro o que fueran de otra forma en el pasado. En las últimas frases de la primera presentación que hizo en 1788, escribió las palabras más famosas de la historia de la geología: «Por lo tanto el resultado de nuestra investigación es que no encontramos ningún vestigio de un inicio ni hay perspectivas de un final».[3] La venganza del tiempo profundo.

Desde un punto de vista convencional, Hutton logró sus objetivos porque hizo un razonamiento neutral de los datos que había observado en el campo, mientras que sus oponentes desinformados se aferraron a Moisés desde sus púlpitos o sus escritorios académicos. McPhee retrata a Hutton como un auténtico geólogo de campo, sumergido por inducción en su teoría de los ciclos, después de desgranar hecho por hecho: «Fuera a donde fuera, acababa sumergido en el lecho de un río o en las rieras recortadas, arroyos y canteras, afloramientos de la costa y acantilados montañosos [...] Empezó a preocuparse por los procedimientos de la tierra y a discernir un proceso gradual y repetitivo que se podía medir en ciclos dinámicos». Etiqueta el concepto de tiempo de Hutton como «nuevo y cualquier cosa menos incomprensible» y tiende a ver a sus oponentes como si sus motivaciones fueran religiosas y se preocuparan exclusivamente por conseguir un estricto mosaico cronológico de la historia de los últimos seis mil años.

En efecto, Hutton realizó un trabajo de campo que le dio mucha ventaja, pero su sistema también era fruto tanto de su formación cultural como del amor que profesaba a las rocas. Además, no estaba luchando contra la teología, sino que se limitó a reconocer un Dios diferente: el reloj de péndulo perfecto que ordenó debidamente las leyes de la naturaleza cuando creó el universo y, sin más dilación, lo dejó correr.[4]

No podremos entender su sistema hasta que no reconozcamos sus fundamentos científicos, hoy en día repudiados y de hecho un poco rancios ya en su época: todos los fenómenos y procesos tienen una «causa eficiente» (una explicación mecanicista consciente en el sentido más amplio de la palabra «causa») y una «causa final» o propósito. En la actualidad, todavía es posible que la vieja noción aristotélica de causa final salga a colación en las discusiones acerca de la conducta humana o la adaptación de los organismos, aunque ahora los agentes sean naturales en vez de divinos. En cambio, las ciencias físicas han vetado este concepto. No debemos hablar en términos de propósitos de la erosión o el movimiento lunar.

Pero Hutton estaba muy comprometido con la creencia de que todos los fenómenos tenían tanto una causa eficiente como una final: Dios balanceó el reloj correctamente, y los acontecimientos se desvelaron de acuerdo con su propósito preconcebido. Él mismo se refería a su trabajo como «una visión de las cosas en la que los finales y los medios son los objetos en los que recae la atención». Pero no podemos entenderlo si lo tratamos como a un moderno y solo discutimos los trabajos mecánicos de su mundo máquina. Hutton afirmó varias veces, tanto en la intimidad como en la organización de sus dos grandes tratados, que el mundo máquina tenía su origen en el inquietante desafío de la causa final.

Como agricultor y comerciante, Hutton estaba obsesionado con la llamada «paradoja del suelo». El suelo como sustrato para la agricultura es una condición sin la que no se da la vida en la tierra, y Dios creó la tierra para nosotros: «El globo terráqueo es un mundo habitable; como fue creado con este propósito, nuestra habilidad para comprenderlo está directamente relacionada con su formación». El suelo es producto de la erosión y descomposición de las rocas, pero la erosión también destruye la tierra y acaba transportando los sedimentos al mar. ¿Es posible que Dios construyera un mundo en el que el mismo agente que juega a favor de la vida la destruyera también con el desgaste de los continentes? En consecuencia, *tiene* que existir una fuerza reconstituyente para que los sedimentos depositados en el fondo marino resurjan en forma de nuevos continentes.

El catastrofista francés Georges Cuvier (el más empirista de los sucesores de Hutton) categorizó el trabajo de Hutton como un sistema mundial anticuado y especulativo.[5] Y nadie puede culparle después de leer el párrafo introductorio del tratado de Hutton de 1788:

> Cuando hacemos un seguimiento de las partes que componen el sistema terrestre y vemos la conexión general que hay entre tales partes, el conjunto presenta una máquina con una construcción peculiar [causa eficiente] que se adapta a cierto fin [causa final]. Percibimos un tejido forjado con inteligencia, para obtener un propósito digno de la potencia que se manifiesta en su producción.

En el escenario simplista de «héroe = uniformador = empirista *versus* villano = catastrofista = apologista teológico», Cuvier cae entre los condenados porque su creencia en los cambios rápidos es la supuesta confirmación de que la tierra tiene una antigüedad limitada y Dios desempeñó un papel directo en la historia geológica. De hecho, ninguno de los grandes catastrofistas sigue a Moisés, y sus métodos eran mucho más empíricos que los que defendían los uniformistas. Creían en lo que observaban en las rocas, es decir, una abundancia de pruebas de catástrofes en las fallas, en la inclinación de los estratos, las extinciones masivas y los cambios abruptos que se pueden inferir por el medio ambiente. Sir Charles Lyell y los uniformistas del siglo XIX sostenían que los datos que faltaban en los registros geológicos lamentablemente imperfectos proporcionarían poco a poco las relaciones con los acontecimientos que no habían quedado registrados por las rocas.

Además Hutton no era el único que estaba comprometido a fondo con el tiempo profundo. Como muestra Roy Porter en su excelente introducción a *The Earth Generated and Anatomized* (1715), de William Hobbs, la eternidad potencial del mundo ya era un asunto importante en el intenso debate sobre los sistemas geológicos que alcanzó su esplendor en Gran Bretaña unos cien años antes de que Hutton escribiera su tratado. Hobbs era un oscuro aficionado, y por eso Porter, después de sus dedicadas investigaciones, no puede estar del todo seguro de que el caballero a quien se expulsó por fraude de su puesto de agente recaudador de impuestos, y a quien más tarde se relacionó con peleas de taberna y disturbios domésticos, fuera realmente su William Hobbs. Su tratado anterior (que aún no se había publicado) se basaba en la idea, que ya estaba anticuada en un momento en que la visión mecanicista del mundo se estaba difundiendo, de que la tierra es un organismo activo. Escribió el tratado, en primer lugar, para postular que la fuerza gravitatoria de la luna no es la responsable de las mareas; su origen está en el corazón palpitante de la tierra. Hobbs debería figurar entre los constructores de sistemas antiempíricos con su típica división maniquea, que tuvo su sucesor en Hutton.

Cabe decir que tanto él como otros constructores de sistemas habían apoyado varias de las ideas que supuestamente descubrió Hutton cien años más tarde en las rocas. Hobbs negaba que los sedimentos fueran producto del diluvio de Noé; compartía con Hutton la creencia en las fuerzas restauradoras, aunque atribuía las elevaciones a la misma pulsación del corazón que produce las mareas; repudiaba a Moisés y defendía que la tierra era mucho más vieja. Arremetió contra los especuladores de salón (lo que llamaba «ciencia verbal») e hizo astutas observaciones acerca de las mareas y las rocas. Eludió la teología y las causas finales y, en ese sentido, fue «más moderno» que Hutton (con su evaluación errónea y anacrónica que otorga valor a un discurso según las corrientes actuales). Hobbs no influyó en el campo de las ciencias, pero su obra es valiosa por su encanto y porque refleja cómo un hombre sin instrucción, y que trabajó al margen de los literatos de Londres, integró sus pensamientos en las percepciones comunes de su época.

Hutton, como Hobbs, fue un constructor de sistemas. Creía que las pruebas de campo eran una fuente de apoyo importante, pero no se le podía considerar un empirista moderno. Y no digo eso para quitarle reputación a Hutton, ya que no ha habido ningún intelecto más notable en nuestra profesión. Su tratado es una discusión metodológica y brillante acerca de la deducción de procesos inobservables a partir de los resultados que salvaguarda el interior de las rocas. Como tal podemos considerarlo un gran hito y un buen comienzo, sobre todo si tenemos en cuenta que los procesos anteriores eran inobservables desde un principio, y reconstruir el objetivo principal de la geología es reconstruir el pasado.

Pero no haremos ningún favor a Hutton ni a los grandes científicos del pasado si los juzgamos con criterios modernos y definimos la buena ciencia como la observación sin restricciones y la deducción lógica despojadas de los prejuicios de los tiempos pasados.

La ciencia creativa es siempre una mezcla de ideas y hechos. Los grandes pensadores no son los que pueden liberar sus mentes del bagaje cultural para así pensar y observar de manera objetiva (algo que, por otra parte, es imposible), sino aquellos que utilizan sus medios creativos en vez de reprimirlos, como por ejemplo hizo Darwin al trasladar la economía de Adam Smith a la naturaleza, como principio de la selección natural; esto es lo que hizo Hutton al usar el principio de la causa final para construir una visión cíclica del mundo.

Esta concepción de la ciencia no solo valida el estudio de la historia y el rol del intelecto (ambos sutilmente degradados si la observación objetiva es la fuente de toda buena ciencia), sino que también pone la ciencia en la cultura y subvierte el argumento, que ya preconizaban los creacionistas y otros palurdos modernos, pero que a veces han instigado de manera inconsciente los científicos, de que la ciencia trata de imponer un nuevo orden moral desde el exterior.

TERCERA PARTE

DETERMINISMO BIOLÓGICO

7

GENES EN EL CEREBRO*

Los grandes descubrimientos son justamente los que van acompañados de declaraciones modestas; quién iba a contradecir a Arquímedes mientras gritaba *Eureka* por las calles de Siracusa, o anunciaba que movería el mundo con una palanca si encontraba el sitio desde donde hacerlo. De todas formas, es más frecuente que, de manera consciente o inconsciente, las declaraciones modestas encubran fracasos. Cuando lo hacen a conciencia, puede que la táctica sea de una audacia desconcertante; cuando es inconsciente, es vacua.

Tanto el título como el contenido del libro de Lumsden y Wilson nos dan cuenta de fracasos inconscientes. Según dicen, han descubierto el fuego de Prometeo de la evolución; la clave para entender los orígenes y la historia de la mente humana, que es «un proceso evolutivo bastante desconocido que hemos llamado coevolución gen-cultura y que consiste en la interacción fascinante y compleja en la que los imperativos biológicos generan y dan forma a la cultura, al tiempo que la evolución genética altera los rasgos biológicos en respuesta a la innovación cultural».

* Reseña de *Promethean Fire: Reflections on the Origin of Mind*, de Charles L. Lumsden y Edward O. Wilson.

Lumsden y Wilson dan respuesta a las críticas que tuvo en sus inicios la sociobiología humana (como en el último capítulo del libro de Wilson *Sociobiology*, de 1975) de que desdeñaban la cultura en favor de una forma rudimentaria de determinismo genético. Descubren la cultura y la utilizan como pareja de la genética en un bucle de retroalimentación positiva que explica los fundamentos de nuestra evolución mental. Ellos mismos resumen el concepto de coevolución gen-cultura:

> El axioma principal es que la mente humana tiene ciertas propiedades destacadas y únicas que están directamente relacionadas con la evolución genética y la historia cultural. Los genes humanos afectan al modo en que se forma la mente: qué estímulos se perciben y cuáles se dejan de lado, cómo se procesa la información, los tipos de recuerdos más fáciles de retener, las emociones que es más probable que se evoquen, etc. A los procesos que crean estos efectos los llamamos reglas epigenéticas. Estas reglas se basan en las particularidades de la biología humana e influyen en la formación de la cultura...
>
> El trasvase de la mente a la cultura es la mitad del proceso de la coevolución. La otra mitad es el efecto de la cultura en los genes subyacentes. Algunas leyes epigenéticas, o sea, ciertos procedimientos a través de los cuales la mente se desarrolla o es más probable que se desarrolle, hacen que cada individuo tenga unas opciones culturales que le permitan sobrevivir o reproducirse con más éxito. A lo largo de muchas generaciones, estas reglas, así como los genes que las prescriben, se han ido incrementando en el conjunto de la población. Así pues, la cultura afecta a la evolución genética al igual que los genes afectan la evolución cultural.

Promethean Fire es, por encima de todo, una extensa demostración de que este tipo de evolución poco excepcional y apenas novedoso explica los que podrían ser los tres aspectos más importantes de nuestra historia y actualidad.

1. La coevolución gen-cultura fue el detonante del origen histórico de la mente en la evolución humana. Propulsó la evolución del crecimiento del tamaño del cerebro a un nivel que quizá no se había alcanzado nunca en otros acontecimientos históricos.
2. Muchos aspectos universales importantes del comportamiento humano tienen una base genética y sientan las leyes epigenéticas que determinan la cultura.
3. Las diferencias entre las culturas humanas, aunque tengan un origen reciente y se consideren superficiales, tienen una influencia genética y están moldeadas, o como mínimo muy influenciadas, por el proceso eficiente de la coevolución gen-cultura.

Por desgracia para las expectativas de los autores, el primer punto, aunque justo, es poco original y ha sido el núcleo de especulaciones acerca del origen evolutivo de la mente desde Darwin. El segundo punto, aparte de no crear polémica, es trivial; mientras que el tercero es controvertido e incluso revolucionario si se puede probar, pero como fenómeno genérico es casi indudablemente falso.

EL ORIGEN EVOLUTIVO DE LA MENTE

Lumsden y Wilson empiezan el libro reivindicando el descubrimiento del origen de la mente:

> ¿Cuál es el origen de la mente, esencia de la humanidad? Queremos sugerir que se trata de una forma especial de evolución, la fusión del cambio genético con la historia cultural, que han creado la mente y han llevado el crecimiento del cerebro y el intelecto humano a un nivel sin precedentes en otros órganos en el marco de la historia de la vida...

También por primera vez queremos unir nuestra investigación de coevolución gen-cultura con otros estudios sobre la evolución anatómica del hombre y combinar la información para reconstruir el escalón actual de la evolución mental.

La evolución del cerebro humano tiene que haber seguido un patrón concreto que implique algún fenómeno como el de coevolución gen-cultura. En la época en que encontramos por primera vez a nuestros ancestros, los australopitecinos, en África, hace entre tres y cuatro millones de años, estos ya habían sufrido una transformación anatómica notable al adoptar la postura erguida, pero no había ningún cambio correlativo en sus cerebros, que seguían teniendo el tamaño del de un simio. ¿Cómo es posible que estos dos rasgos tan esenciales hubieran evolucionado de manera tan dispar y por ese orden? ¿Por qué evolucionó más tarde el cerebro, cuando la anatomía del hombre ya estaba desarrollada casi por completo?

Conocemos este patrón empírico desde la década de 1920, cuando descubrimos los australopitecinos en Sudáfrica. Muchos científicos han especulado y aventurado con acierto que primero llegó el andar erguido y después el desarrollo del cerebro; entre ellos estaba Darwin, pero también el alemán Ernst Haeckel.

Lumsden y Wilson hacen caso omiso de esta historia y proclaman su propio descubrimiento: nuestros cerebros aumentaron de tamaño y nuestra mente despegó cuando entramos en un ciclo de retroalimentación positivo del proceso evolutivo que se ha descubierto recientemente: la coevolución gen-cultura. Con el aumento de la velocidad de nuestro cerebro se registra el poder acelerado de la retroalimentación positiva.

No pongo en duda que algo como la coevolución gen-cultura tuvo algo que ver con la evolución de nuestro cerebro, pero Darwin y Haeckel, entre otros pensadores de la evolución humana, habían postulado lo mismo. No me consta que se haya desarrollado ninguna otra teoría seria para explicar por qué la postura erguida precedió al crecimiento cada vez más rápido del cerebro. La narración más común sostiene que la postura erguida liberó las manos, hecho que contribuyó al desarrollo de herramientas y armas. La evolución cultural de los artefactos y su relación con la institución de la caza, la recolección de alimentos, o lo que fuera, influyó en nuestra evolución biológica (genética) y estableció presiones selectivas para que el cerebro fuese más grande y capaz de hacer que la cultura fuera todavía más allá. En resumen, la coevolución gen-cultura.

En *El origen del hombre* (1871), Darwin escribió:

> Si un hombre más sagaz que el resto de los de su tribu inventara una nueva trampa o arma, u otros medios de defensa o ataque, el interés personal llevaría a los otros miembros a imitarlo y todos saldrían beneficiados. [...] Si el nuevo invento fuera de los importantes, la tribu crecería, se expandiría y desbancaría a otras tribus. En una tribu más numerosa siempre habría más posibilidades de que nacieran miembros todavía más ingeniosos y superiores. Si esos hombres dejaran que sus hijos heredaran su superioridad mental, se incrementarían las posibilidades de que nacieran más miembros ingeniosos; y si formaran una tribu más pequeña, entonces las posibilidades serían aún mayores.

Irónicamente, puesto que el trabajo de este hombre es anatema para un Wilson que percibe la influencia diabólica del marxismo en las críticas más duras a su sociobiología, el mejor caso de coevolución gen-cultura del siglo XIX lo puso de manifiesto Friedrich Engels en un ensayo de 1876 titulado *El papel del trabajo en la transformación del mono en hombre*, que apareció a título póstumo dentro de *Dialéctica de la naturaleza*.

Guiándose por el esquema de Haeckel, Engels considera que la postura erguida debe preceder el agrandamiento del cerebro porque el perfeccionamiento de la mente precisa el ímpetu que proporciona la cultura. Liberar las manos en primer lugar dio la posibilidad de inventar herramientas («trabajo», en la terminología de Engels, siempre con connotaciones políticas) y luego la presión selectiva favoreció el lenguaje articulado, ya que con las herramientas «los hombres en proceso de formación llegarán a un momento en el que tendrán cosas que decirse» hasta que dispongan del suficiente impulso para que se produzca un agrandamiento considerable y genético del cerebro:

> Primero el trabajo, después y al mismo tiempo, el lenguaje articulado: estos fueron los dos principales estímulos para que el cerebro del simio se convirtiera gradualmente en el del hombre.

Entonces el cerebro en aumento (biología, o los genes en un lenguaje posterior) realimenta las herramientas y el lenguaje (cultura), y los mejora, a la vez que dispone las bases para el crecimiento futuro del cerebro, esto es el ciclo de retroalimentación positiva de la coevolución gen-cultura:

> El desarrollo del cerebro y el consiguiente desarrollo de los sentidos, la creciente claridad de conciencia, y el poder de abstracción y de juicio dieron un impulso renovado al desarrollo del trabajo y el habla.

Los que ignoren la historia están condenados a repetirla, especialmente cuando parece no haber ningún otro camino a seguir.

En la teoría de Lumsden y Wilson, las predisposiciones genéticas comunes en todos los humanos normales actúan en el ciclo de retroalimentación sentando las bases epigenéticas (o sesgos en el aprendizaje) que limitan y canalizan la cultura. El ejemplo más representativo es el del imperativo biológico destacado de evitar el incesto, ya que cuando el grado de parentesco de una pareja es muy cercano, la frecuencia de defectos en los recién nacidos aumenta considerablemente, y alcanza su máximo en las relaciones entre hermanos. Por lo tanto, la selección natural favorecerá y difundirá entre la población cualquier mecanismo que desaliente el incesto.

Es evidente que los genes no son agentes conscientes y no pueden «decir» a sus portadores algo como «no copules con familiares cercanos o te buscarás un problema». Pero la selección natural podría escoger la «epigenética» o las reglas de aprendizaje con fundamento genético para crear ese efecto. Podría ser, por ejemplo, que estuviéramos predispuestos biológicamente a no desarrollar sentimientos sexuales hacia individuos que se criaron con nosotros durante la infancia (la familiaridad engendra desdén). Como en las sociedades ancestrales la movilidad era limitada y las relaciones de parentesco estrechas, la cercanía física a menudo significaba también una relación más estrecha, y la regla epigenética producía el resultado biológico deseado. Por supuesto podríamos haber «engañado» esta regla separando hermanos o, como hacen algunas sociedades, criando individuos que no están emparentados juntos para luego medir su posterior aversión sexual.

Por lo general me considero un «educacionista» dentro del gran debate «naturaleza-educación», pero no encuentro nada molesto en esta noción de influencia biológica sobre el comportamiento humano. Supongo que también debo insistir, por enésima vez, en que las categorizaciones son absurdas y no existe ningún debate «natural-aprendido» a pesar de que, dicho en inglés, *nature* y *nurture* confieren una agradable aliteración a la expresión. Cualquier científico, y de hecho cualquier persona inteligente, sabe que el comportamiento social humano es una mezcla compleja e indivisible de influencias biológicas y sociales. El tema no es *si* lo que determina el comportamiento humano es la naturaleza o la educación, pues ambas son factores inseparables, sino el grado en que lo hacen, la intensidad y la naturaleza de los límites que pone la biología a las posibles formas de organización social.

Nadie duda de que existan universales biológicos; tenemos que dormir, comer, envejecer y no estamos dispuestos a dejar de procrear. Casi todas nuestras instituciones sociales están influidas por estos imperativos, por lo tanto la simple relación de imperativos que hacen Lumsden y Wilson, así como la definición de las reglas epigenéticas que hacen, no se pueden considerar como una defensa parcial para un «naturista» ni una reivindicación de la sociobiología. En vez de eso, debemos preguntarnos si se pueden especificar los límites y las formas de los universales. Si nos ceñimos a la lista de Lumsden y Wilson, la respuesta es que no mucho. En consecuencia su invocación de la genética como elemento determinante del comportamiento social es bastante trivial y polémica.

Pensemos en la lista de los siete elementos de Lumsden y Wilson: evitación del incesto hermano-hermana; aprendizaje del vocabulario de colores; preferencia de los niños por los objetos de formas y adornos particulares que asocien a la forma abstracta de un rostro humano frente a patrones más difusos; la universalidad de ciertas expresiones faciales; la preferencia de los recién nacidos por el azúcar antes que el agua, y por los azúcares en el orden descendente de sacarosa, fructosa, lactosa y glucosa; la ansiedad de los niños en presencia de extraños, y las fobias, especialmente las relacionadas con antiguos peligros (como serpientes, agua corriente y tormentas) que ya no son una amenaza en el mundo moderno.

El segundo punto, relativo al color, es un buen ejemplo de por qué creo que estos universales no son una amenaza para la actitud que se ha llamado a menudo y erróneamente «educacionista»: la biología humana pocas veces es lo suficientemente restrictiva para determinar directamente la cultura humana, y permite muchas veces una serie amplia y flexible de diferentes posibilidades culturales. Ambas posturas deberían llamarse determinismo biológico y potencialidad biológica en vez de naturalista y educacionista. Tendríamos que referirnos a deterministas y potencialistas.

Una serie de estudios fascinantes han demostrado que, aunque la luz viene a nosotros en un espectro de longitudes de onda con variaciones constantes, individuos de todas las culturas tienden a analizar el espectro en cuatro colores básicos: azul, amarillo, rojo y verde. Como dicen Lumsden y Wilson: «Esta maravillosa ilusión está programada genéticamente en el aparato visual y en el cerebro». En parte conocemos la base psicológica de esta tendencia del aprendizaje. Las células nerviosas visualmente activas en el cuerpo lateral geniculado del tálamo, una importante «estación de transmisión» entre los ojos y el córtex visual del cerebro, se dividen en cuatro tipos y probablemente codifican la luz que vemos según estos cuatro colores principales. Ahora bien, ¿por qué se debería sentir amenazado ningún potencialista (o incluso un anticuado, caricaturizado, exagerado, inexistente, *tabula rasa* naturista) con semejante descubrimiento? Me parece fascinante. El cerebro y el ojo son objetos físicos con propiedades complejas y no simples filtros neutrales. ¿Por qué, para asegurar una postura potencialista, deberían registrar *a priori* el color tal y como nos viene dado de la física, sin imponer algun tipo de límite surgido de la propia estructura biológica?

En un ensayo anterior titulado *On Human Nature*, Wilson ideó una buena metáfora para caracterizar el problema entre deterministas y potencialistas: los genes mantienen la cultura a raya y el debate se centra en la longitud y la tensión de esa raya. No se trata de una cuestión meramente cuantitativa, puesto que ambas partes comparten las mismas suposiciones y solo difieren en sus conjeturas acerca de si la raya mide treinta centímetros o tres metros; la cultura que en un sitio supone un pie de largo (y por consiguiente determinada por la biología en sus propiedades manifiestas) es una entidad fundamental y cualitativamente distinta de una cultura con una cuerda de tres metros de largo y que no se identifica con una institución en particular, sino con un amplio rango de posibilidades. El que veamos un espectro continuo representado en cuatro colores, o el que los bebés prefieran el azúcar antes que el agua o los rostros humanos antes que los diseños mezclados, no son factores que determinen patrones culturales específicos. El tipo de universales biológicos que podemos identificar (y teniendo en cuenta que nada indica que una investigación más a fondo alteraría los ejemplos que hemos visto, pero que sí que aumentaría la lista) da pie a pensar que la línea es amplia e ilimitada, aunque sigue mereciendo la pena que la examinemos detenidamente. El estudio de estos universales, el aspecto de la sociobiología humana que tiene ciertas evidencias que juegan a su favor, no ofrece ningún consuelo al determinismo que conforma el alma de la sociobiología, y la esencia de su autoproclamación como ciencia nueva y revolucionaria.

Para establecer su importancia y para realizar su programa de investigación reduccionista, la sociobiología humana no se puede basar en universales ilimitados. Tiene que demostrar que las *diferencias* entre culturas, así como los cambios históricos que han sufrido cada una de ellas (una de las fuentes argumentales más interesantes de la naturaleza humana: ¿Los chinos realmente son...?), tienen un impulso genético. En esto reside el quid de la cuestión del debate determinismo-potencialismo; la genética (y la biología darwiniana tal como se concebió) no tiene mucho que decir acerca de la diversidad y el cambio cultural si solo dispone de algunos patrones universales subyacentes y ejerce una restricción muy pobre comparado con la increíble riqueza de detalles que nos deja fascinados y que es el principal objeto de estudio de las ciencias sociales. Lumsden y Wilson son conscientes de que tienen que pronunciarse en este punto, o la revolución de la sociobiología humana nacerá muerta. También son conscientes de que no hay ninguna información concreta que les respalde. En consecuencia, dedicaron su último libro, *Genes, Mind, Culture*, a construir un modelo matemático que mostraba que sus resultados podían darse, en principio, bajo un conjunto de suposiciones un poco dudosas (*Promethean Fire* es una abstracción popularizada de esta obra más técnica y matemática). Los modelos que urdieron fueron mal vistos por la crítica[1] y la credibilidad del *Promethean Fire* reside exclusivamente en sus recursos verbales.

De hecho, el problema al que se enfrentaron era complejo. Las culturas adyacentes difieren de forma extraordinaria tanto en sus creencias como en sus instituciones; el cambio histórico intrínseco las puede llevar de puntos álgidos de potencia a picos de impotencia en una escala temporal de cientos de años, o en generaciones (tengamos en cuenta por ejemplo la historia del islam, desde sus días de gloria en nuestro primer milenio, a la época de desesperación durante la primacía del colonialismo occidental, hasta su renacimiento actual). Dado este potencial en velocidad y profundidad del cambio, ¿cómo podemos invocar el lento proceso de selección natural darwiniano como fuerza impulsora?

La respuesta de los autores es, por supuesto, el poder de aceleración de la retroalimentación positiva que opera en la coevolución gen-cultura. Con la cultura como impulso, la genética puede jugar un papel muy importante en muy poco tiempo. Pero una cosa son los modelos abstractos y otra muy distinta es la ejecución. Se puede modelar cualquier clase de inverosimilitud cuando elegimos los supuestos que nos garanticen el resultado que queremos. Dudo que el cambio biológico pueda jugar un papel importante en la diversidad cultural cuando sabemos que fuerzas no-genéticas como el clima, la conquista y la invención y divulgación de nuevas tecnologías ejercen una influencia determinante. Para entender el cambio y la diversidad culturales tenemos que tomar como referencia la historia y no la genética.

Aunque en efecto existen pruebas, Lumsden y Wilson tienen que admitir que los datos no cuadran con sus esperanzas. Escriben, por ejemplo:

> El sistema de castas de la India, el más rígido y elaborado de la tierra y que ha existido durante cientos de años, se sigue implantando por convenciones culturales. Hasta donde sé, aunque se trate de un tema que no ha sido estudiado a fondo, las diferencias que hay entre los miembros de las distintas castas están relacionadas con el tipo de sangre y otras características anatómicas y psicológicas.

Para terminar el capítulo de las leyes del desarrollo mental, escriben:

> La teoría de la naturaleza humana que prevalezca será la que pondrá en el mismo nivel el comportamiento social y la historia con todo lo que sepamos de la biología humana. Caracterizará de forma única y correcta las operaciones de la mente humana que conocemos, así como los esquemas de diversidad cultural. Este es el Grial por el que trabajan tantos investigadores, a pesar de la frustración y humillación que a veces tienen que sufrir; están en juego los límites de las ciencias de la naturaleza. ¿Es esta la búsqueda de un loco?

No hay nada en esta declaración grandilocuente que pueda ofender a un potencialista, aunque tengo ciertas dudas acerca de la caracterización «correcta y única», dados los caprichos de la historia. La búsqueda no es una tarea de locos y todos buscamos lograr la comprensión final de Parsifal. Tan solo diferimos en el nivel de importancia que otorgamos a la biología en ese equilibrio futuro del comportamiento social, la historia y la genética. Sospecho que la biología no jugará un papel tan importante en explicar los «patrones de diversidad cultural» y, por extensión, las ciencias naturales encontrán sus límites. Pero ¿por qué tendría que ser este un resultado triste o decepcionante? No significa que el conocimiento tenga que seguir siendo fragmentario; lo único que significa esto es que la historia representará un coeficiente mayor que la genética en la ecuación empírica correcta.

LOS SUPUESTOS DE LA SOCIOBIOLOGÍA

A falta de pruebas acerca de su afirmación más importante, y dada la existencia de varios argumentos *prima facie* que demuestran lo contrario, tenemos que preguntarnos qué es lo que infunde tanta seguridad a Lumsden y Wilson acerca de la promesa de la sociobiología como la clave para explicar la diversidad cultural humana. Encontramos aquí las premisas metodológicas del programa de investigación sociobiológica en la versión de Wilson.

La sociobiología ha engendrado un gran debate en diferentes campos desde que Wilson publicó su libro en 1975. Las discusiones políticas sobre el uso del determinismo biológico a menudo han servido para tapar objeciones metodológicas más profundas que ponen en cuestión toda la empresa, sean cuales sean sus implicaciones. (Yo mismo he seguido el debate político y no reniego de él en absoluto, pero tenemos que reconocer que una crítica más fundamental pone en cuestión la esencia del argumento sociobiológico como aplicación válida de la teoría de la evolución.)

Para sustituir la biología por la historia, a falta de pruebas, se requiere una fe *a priori* en que las explicaciones genéticas son preferibles en un sentido último. Esta postura surge del reduccionismo pasado de moda que Lumsden y Wilson abrazan con fuerza. Una jerarquía de las ciencias que va de las fuertes a las débiles, de las cuantitativas a las cualitativas, de firmes a blandas, de la física al amplio dominio de las ciencias sociales pasando por la biología. Debemos alegrarnos cada vez que podamos aplicar una explicación surgida del reino de las ciencias blandas a otra que se encuentre en el dominio de las más duras. La genética proporciona realmente una mejor explicación científica que la historia. A veces el reduccionismo de Lumsden y Wilson es francamente militante:

El puente entre la biología y la psicología es todavía un artículo de fe, aunque está en proceso de ser redimido por la neurobiología y las ciencias del cerebro. Las conexiones de las ciencias sociales con el resto de disciplinas siguen resistiéndose de forma tan resuelta como siempre. El nuevo villano de la historia y punta de lanza del progreso de las ciencias naturales en contraposición con las ciencias sociales, es la sociobiología.

He atacado esta clase de reduccionismo en otros artículos[2] y no reproduciré los argumentos aquí, excepto para decir que si no hay ninguna diferencia genética importante que justifique la diversidad y el cambio cultural, cualquier preferencia intrínseca por un tipo de argumento tendría que someterse a las limitaciones de la información.

Es un ejemplo de error clásico reduccionista:

> Para muchos de los investigadores más brillantes de nuestro tiempo, la mente y la cultura siguen siendo conceptos demasiado elusivos como para derrocar la teoría evolutiva o para trascender la biología. Podemos entender este pesimismo, pero creemos que ya no es justificable. La mente y la cultura son fenómenos tan vivos como cualquier otro que surgen de la genética y podemos seguir su filogenia.

Pero el origen histórico y la función actual son aspectos diferentes del comportamiento que no tienen por qué estar conectados. La mente, por supuesto, surge de la genética (o al menos está implicada en los cambios de la evolución del cerebro), pero una sentencia así acerca de la historia no garantiza una base biológica a la diversidad cultural actual, ya que una vez instalado, el trampolín asegura la existencia de un fundamento genético, pero la diversidad cultural se desarrolla como un «revestimiento» histórico. También debo decir que estoy emocionado por el regalo de admitir su parcialidad reduccionista con la afirmación de que cualquier negación de la teoría evolutiva como *locus* apropiado para dar una explicación a la cultura, denota sin duda pesimismo. Al fin y al cabo, los «investigadores brillantes» de este ensayo no están entonando el *ignorabimus* (nunca se sabe), sino que se limitan a afirmar que la cultura no encontrará sus explicaciones primarias en la biología y deberá buscarlas en otras disciplinas.

Encontramos otro aspecto del reduccionismo de los autores en la aplicación de la sociobiología en la cultura; esto explica por qué muchos biólogos evolucionistas sin intereses políticos y que, como profesionales, comparten las esperanzas de Wilson de dar un paso adelante en la hegemonía de la biología, rechazan el modo concreto en que se usa este argumento en este libro. Wilson es nuestro estudiante avanzado del comportamiento social de los insectos, esas maravillosas criaturas con el cerebro muy pequeño cuyo comportamiento puede atomizarse en un conjunto de rasgos individuales y que se pueden tratar individualmente. En diversos aspectos esenciales, las hormigas se comportan como autómatas, pero los humanos no, y los mismos métodos de estudio no serán suficientes. No podemos reducir el repertorio conductual del ser humano a una serie de rasgos unitarios y esperar que así se pueda reconstruir el total de forma fructífera analizando los propósitos adaptativos de cada uno de los elementos.

Para empezar no podemos ponernos de acuerdo sobre la atomización del comportamiento, principalmente porque los conjuntos de comportamiento no son simples agregados de un juego de pequeñas piezas (¿la «xenofobia» es realmente una «cosa»?; analizar la aversión a los extraños de un niño y el odio que profesa un adulto hacia otras razas en una misma categoría ¿es realmente la forma correcta de hacerlo?). En segundo lugar, y quizás aún más importante, no tenemos ninguna razón para creer que cada elemento mantiene una forma particular (o la sucesión de estados que la definen) como producto de una adaptación engendrada por la selección natural. Aun así Lumsden y Wilson se comprometen con la versión estricta del darwinismo que pone al mismo nivel el cambio genético y la adaptación, y por lo tanto debe analizar todas las diferencias conductuales importantes de acuerdo con sus ventajas dependiendo de las variaciones ambientales (o de los lugares que habitaban en el momento en que surgió el rasgo en cuestión) de las culturas bajo análisis. Así por ejemplo, la religión recibe la etiqueta, a pesar de sus complejidades, de «artilugio potente a través del cual se absorbe a la gente en una especie de tribu y les da fortalecimiento psicológico».

Lumsden y Wilson incluso han ideado una terminología para su atomización. Proponen que cada unidad de comportamiento humano se llame «culturgén», derivado del latín y que se refiere a «crear cultura», pero que además recuerda los dos elementos del ciclo de retroalimentación positiva entre gen y cultura. Acto seguido analizan el rastro de la propagación de cada culturgén, vía fuerza adaptativa de la selección natural. Consideremos sus términos dentro de la supuesta naturaleza de los culturgenes. (Aunque sean ejemplos de reificaciones dudosas, excepto quizás el tercer caso, y eso que los han escogido como los casos más ilustrativos. Imaginemos con qué nos podemos encontrar cuando se tratan conceptos con una mayor carga cultural como los estereotipos y el comportamiento sexual.)

> Muchos culturgenes se distinguen naturalmente con o sin teoría. La preferencia por el incesto, por ejemplo, existe como una alternativa clara a la preferencia por la exogamia. Las mujeres tienden a llevar a los niños en su lado izquierdo, cerca del corazón; una práctica que se puede distinguir fácilmente de otros modos de transportar a los niños. Alzar la ceja para saludar es un gesto que se distingue de muchas otras señales faciales.

Entonces Lumsden y Wilson confunden la historia real con su metodología preferida, y postulan que, como la genética empezó con los rasgos individuales de Mendel, el estudio del comportamiento humano debe empezar con culturgenes unitarios y construir secuencialmente el repertorio completo: «detectando y analizando el número de diferencias entre cada gen, grandes y pequeños, podremos configurar gradualmente el dibujo entero del cianotipo genético. Este es el procedimiento que ha seguido la genética desde las parcelas del jardín de Mendel hasta la poderosa empresa que es en la actualidad».

El problema de la adaptación va mucho más allá del dilema de la atomización. De entrada disponemos del argumento que apunta a que la mayoría de «cosas» que hace el cerebro hoy en día puede que no hayan evolucionado originalmente de una adaptación directa relacionada con el incremento evolutivo de su tamaño.

El debate forma parte de un extenso linaje que se remonta a un amargo desacuerdo entre Darwin y el codescubridor de la selección natural, Alfred Russel Wallace. Wallace, un auténtico panseleccionista a la manera wilsoniana (y al contrario que Darwin), expuso por primera vez el curioso argumento de que la selección natural podía responder directamente por cada rasgo en la evolución de todos los organismos excepto el cerebro humano, que precisaba la asistencia divina. Se le acusó por hacer una teoría que carecía de valor porque la explicación de su sistema fracasaba justo en el último paso y el más importante de todos. No puedo hacer un análisis de su renuencia, pero irónicamente, creo que la lógica de su argumento no nace de su religión o espiritualismo, sino del mismo panseleccionismo.

En una actitud poco corriente entre los científicos blancos del siglo XIX, Wallace no era racista y creía de corazón en la igualdad de capacidades mentales de todo el mundo. Pero era un chovinista cultural que nunca puso en duda la superioridad abrumadora de las instituciones occidentales europeas. Ahora bien, si la selección natural construye organismos para el uso inmediato y el cerebro es igual en todos los seres humanos, ¿cómo se explica que la selección natural haya construido el auténtico cerebro de «salvaje» (en su propia terminología)? Al fin y al cabo, los salvajes tienen las mismas capacidades que nosotros, pero no hacen uso de tales habilidades en el desarrollo de sus culturas. En consecuencia, la selección natural, una fuerza que solo construye para el uso inmediato, no puede haber diseñado el cerebro humano.

Darwin estaba atónito y le escribió: «Espero que no hayas asesinado a tu propio hijo ni al mío». Su contraargumento, nacido de su actitud pluralista hacia el poder variable de la selección natural, simplemente postulaba (si se me permite usar una terminología anacrónica) que el cerebro es una computadora compleja. No me cabe la menor duda de que el aumento del tamaño y la capacidad del cerebro se deben a la selección natural. Probablemente la selección nos construyó un cerebro grande por una serie de motivos que de momento no somos capaces de entender del todo. Pero cualesquiera que fueran las razones, el aumento del tamaño del cerebro permitió realizar, como consecuencia de su mejora estructural, todo tipo de operaciones que no guardaban una relación directa con los motivos originales que le impulsaron a incrementar el tamaño. Puedo instalar un ordenador en mi fábrica para llevar las cuentas y los cheques, pero ese artilugio, como consecuencia de su estructura, es capaz de calcular π con diez mil decimales y hacer un análisis factorial en la matriz de correlación de culturgenes humanos.

El origen histórico y la función actual son propiedades distintas de los rasgos biológicos; esta distinción establece un importante principio general de la teoría evolutiva. Las características que se han desarrollado por una razón también pueden realizar otras funciones gracias a su estructura. A veces incluso el principio no tiene tanta importancia como las funciones que puedan aparecer en consecuencia. Pero en el caso del cerebro probablemente es a la inversa: las consecuencias tienen que responder a las razones originales, puesto que hay muchas más consecuencias que propósitos originales.

Pensemos por ejemplo en lo que sabemos acerca de nuestra propia mortalidad. Nada de lo que nos ha aportado el cerebro ha resultado ser más importante y aterrador, pero nadie afirmaría que nuestro cerebro aumentó en tamaño para enseñarnos verdades desagradables. Pensemos en el impacto de este conocimiento en un amplio rango de instituciones humanas, desde la religión a la monarquía y su derecho divino. Las formas concretas de religión no tienen por qué analizarse como adaptaciones directas «para» conseguir la cohesión tribal; gran parte de la cultura puede surgir como respuesta a las consecuencias curiosas e impredecibles de un cerebro grande. Así pues, el análisis adaptativo de los culturgenes, y en especial el caso del cerebro, un órgano clave para la sociobiología humana, no consigue desvelar sus significados porque no nace por razones adaptativas y, en consecuencia, no son elementos apropiados para un análisis darwiniano.

El mensaje que se desprende de tal reivindicación no es la afirmación pesimista (como a menudo creen muchos adaptacionistas) de que las causas de los conceptos y las instituciones culturales son inalcanzables. Nos basta con desviar el centro de atención de la supuesta adaptación al estudio directo de la estructura. Hace años, después de dar una charla en el Salk Institute, Francis Crick me dijo: «El problema que tenéis los biólogos evolucionistas es que siempre os preguntáis *por qué* antes de entender *cómo*». Diez años antes me habría tomado el comentario como el error de un biólogo molecular reduccionista que no había comprendido el carácter distintivo del razonamiento evolutivo. Pero ahora entiendo y comparto la opinión de Crick: debemos comprender los «cómo» de la estructura antes de preguntarnos el «porqué» de su existencia.

A pesar de los errores garrafales de atomización y adaptacionismo, Lumsden y Wilson siguen confiando en su futuro como sociobiólogos:

> La sociobiología humana está más o menos en la misma posición que la biología molecular en su primera fase. Esto es, se han identificado varios mecanismos clave que son suficientes para explicar fenómenos elementales de una forma nueva y precisa. El programa es todavía rudimentario, pero podemos tener en cuenta la biología y la cultura para seguir adelante (que, de hecho, parece ser la única vía posible).

Pero el éxito de una disciplina, después de un comienzo muy lento, no garantiza un futuro prometedor al resto de disciplinas que se encuentran más o menos en la misma situación; como pasa con las especies y con los negocios, la mayoría no llegan muy lejos. Me parece que Lumsden y Wilson han pasado por alto una diferencia crucial entre la biología molecular y la sociobiología humana. En la primera, el programa de investigación reduccionista funcionó, y lo hizo triunfalmente, aunque ahora ha alcanzado sus límites a la hora de cohesionar el genoma por completo; después de todo, la biología molecular no deja de ser una extensión de la química. Pero la misma estrategia reduccionista no funcionará para la cultura humana. Cuando hablamos de enamorarse como algo químico, estamos hablando en un sentido metafórico, y esta es una diferencia esencial entre científicos y poetas.

8

EL ÚLTIMO POSTULADO DE JENSEN*

JENSEN ANTES Y AHORA

Hay muchas maneras de batirse en retirada ante el fracaso. La estrategia más rotunda es limitarse a ser humilde y arrepentirse. Una vez, Clarence Darrow afirmó que si Dios existiera realmente y después de morir tuviera que comparecer en la tribuna del jurado ante Él y los apóstoles, daría un paso hacia el banco, haría un reverencia y diría: «Señores, estaba equivocado». En una segunda estrategia de nivel intermedio, uno puede mirar la cara positiva del asunto, admitiendo la adversidad. Cuando el capitán del *Beagle* de Darwin, Robert FitzRoy, descubrió que Jemmy Button, el nativo fueguino a quien había instruido en las maneras inglesas, había revertido por completo sus hábitos al cabo de pocos meses de su marcha, FitzRoy se conformó pensando que «de ahora en adelante un náufrago podrá encontrar aquí la ayuda y el trato amables de los hijos de Jemmy Button en la más pura tradición inglesa; estoy seguro de que sabrán cómo hacerlo por las historias que habrán escuchado de hombres que vinieron de muy lejos». En la tercera táctica hay que proclamar el triunfo y despejar. Recuerdo la brillante solución del senador Aiken en la ciénaga de Vietnam: deberíamos declarar la victoria y largarnos.

* Reseña de *Bias in Mental Testing*, de Arthur R. Jensen.

Arthur Jensen ha publicado un manifiesto de ochocientas páginas utilizando la tercera estrategia. Para entender por qué supone batirse en retirada (y ya puestos, una retirada fracasada) debemos hacer un repaso de la historia de su génesis. En un notable artículo que escribió en 1969,[1] el documento fundacional del «jensenismo» público, Jensen defendía que la educación compensatoria no sirve de nada porque intenta ayudar a niños negros cuyo promedio de inteligencia es genéticamente inferior al de los blancos. Para confirmarlo se sirvió de un argumento genético poderoso: afirmaba que el factor de heredabilidad del CI se había estimado en un 0,8 entre la población blanca, por lo que los 15 puntos de diferencia entre blancos y negros tenían sin duda un origen innato.

Ha pasado una década entre la publicación de su artículo y la del libro, y el tiempo no ha jugado a favor de Jensen. En primer lugar, la estimación de heredabilidad, basada en los datos que falsificó sir Cyril Burt,[2] es demasiado alta. En segun lugar y todavía más importante, el valor de la heredabilidad *dentro de* la población blanca y la negra no tiene ninguna relevancia con respecto a las causas de la diferencia promedio de CI *entre* las dos poblaciones. (En un grupo muy reducido de gente el factor hereditario de altura puede ser de más o menos 0,9, pero aun así su estatura relativa depende por completo de la malnutrición.) Los genetistas tratan la variación dentro de y entre los grupos como dos fenómenos enteramente distintos. Esto se enseña en la primera lección de cualquier curso básico. El error fundamental de Jensen es el haber fusionado los dos conceptos en uno.

Doy por sentado que a estas alturas Jensen comprende en qué momento empezó a ir por el mal camino. El presente libro pasa por alto el asunto de la heredabilidad. Lo que hace Jensen al deshacerse del baluarte del sistema anterior en tan solo dos párrafos, es decir, que se trata de un tema demasiado complicado como para tratarlo aquí, aunque sí que trata en detalle alguno de los asuntos de la psicometría más arcanos y complejos en sus ochocientas páginas. La heredabilidad, dice, «es un asunto altamente técnico y complicado relacionado con los principios y los métodos de la genética cuantitativa. [...] Como incluso una explicación elemental del análisis de la heredabilidad va más allá del alcance de este libro, el lector que esté interesado, deberá buscar en otra parte». La lista de referencias añadidas no incluye ni una sola crítica rotunda contra su tesis original.[3]

Más aún, ahora Jensen defiende que no hay ninguna necesidad de hablar de genética: «No tiene sentido evaluar los valores genotípicos porque no tenemos ninguna estimación del genotipo individual independientemente de los resultados del test». De hecho ahora prácticamente argumenta que se debe abandonar por completo el tema de la causalidad: «Los creadores, editores y usuarios del test no tienen ninguna obligación de explicar las causas de las diferencias estadísticas en los resultados de los tests entre varias poblaciones. Pueden mantener una postura agnóstica respecto a esto». Y precisamente el tema de su artículo de 1969 era la necesidad de que existiese tal obligación.

¿No estoy siendo cruel al sacar a la luz todo esto? Debería estar permitido cambiar de opinión con gracia, y salvar la cara con una disculpa. Pero Arthur Jensen no ha cambiado su tono en absoluto. Lo único que hace es utilizar otro argumento, más indirecto, para apoyar el mismo argumento. Ha enterrado las principales falacias de este argumento debajo de un aparente rigor de ochocientas páginas llenas de listas, figuras y gráficos que ningún comentarista de los medios de comunicación ha sido capaz de descifrar.[4] La reivindicación fundamental de Jensen sigue siendo acerca de lo innato. De hecho, es la misma que antes: los negros son menos inteligentes que los blancos y esta diferencia no se debe al contexto.

Para reafirmar sus postulados de 1969 de forma más indirecta, construye un argumento formado por tres partes:

1. La diferencia de promedio en el CI de blancos y negros es de unos quince puntos, una desviación estándar. Otros tests de inteligencia muestran diferencias equivalentes.
2. Los tests son imparciales.
3. Tanto el CI como otros tests válidos de los mismos atributos mentales miden lo que podemos llamar legítimamente «inteligencia».

Aunque el argumento no dice nada sobre innatismo o genética, sin duda apunta hacia esa dirección. Después de todo, si los negros tienen peores resultados que los blancos en un test imparcial que mide la inteligencia, los negros son necesariamente menos inteligentes que los blancos por razones que no tienen que ver con un ambiente de privación (o la suposición común de que se debe a la «parcialidad», como decimos en la lengua vernácula). ¿Qué razones quedan aparte del innatismo?

De los tres argumentos, el primero es el único con el que tenemos que estar de acuerdo ya que se trata de un hecho indiscutible. Tampoco lleva a ninguna parte porque no implica nada en absoluto acerca de las razones de la diferencia. Puede que los tests no registren nada interesante; las razones potenciales de la diferencia abarcan toda una gama que va desde la pura imposición contextual hasta el puro innatismo. El argumento de Jensen solo tiene sentido y es controvertido si el segundo y tercer puntos son válidos en nuestra comprensión vernácula. Personalmente creo que no son válidos y que este libro, a pesar del valor que aportan sus datos técnicos de psicometría, no contiene un mensaje general importante para aclarar el interés general que todos sentimos hacia el tema del potencial humano.

LOS SIGNIFICADOS DE SESGO*

Jensen ha titulado su libro *Bias in Mental Testing* y dedica la mayor parte de él a probar que no existe tal sesgo o que, si así fuera, este se podría identificar y corregir. Estoy seguro de que está en lo cierto.

A primera vista, el último párrafo parece totalmente destructivo, pero no lo es. En estadística las cosas pocas veces son lo que parecen y la comprensión de la materia de un laico se ha visto afectada por las diferencias importantes entre los significados comunes y los técnicos de los términos. «Significado» y «discriminación» proporcionan dos de los casos más claros de diferencia sentre la lengua vernácula y la jerga estadística, pero «sesgo» pertenece a la misma categoría. Cuando Jensen dice que los tests no están sesgados, habla en interés de los estadísticos y no de lo que el público general entiende como la aseveración de que los tests de CI están sesgados.

El resultado promedio del CI de los negros en América es de 85 y el de los blancos es de 100. La acusación de sesgo, según nuestra comprensión ordinaria del término, sostiene que los malos resultados que obtienen los negros se deben a su situación contextual desaventajada respecto a la

* En el original, *bias*. Este apartado trata sobre la doble interpretación de este término en estadística y en inglés vernáculo. En castellano el mismo concepto se podría traducir como «sesgo» en el ámbito de la estadística y «parcialidad» en un uso más común. (*N. de la t.*)

de los blancos y que, por lo tanto, no refleja habilidades inherentes. La acusación de sesgo vernácula (podemos llamarla sesgo-v) está relacionada con la idea de justicia y sostiene que los negros han obtenido una puntuación más baja por razones culturales y de educación y no por su propia naturaleza.

Me he pasado dos meses tabulando los usos del término que he visto en la prensa popular y todos me han llevado a esta misma interpretación. Por ejemplo, el *New York Times* informó de que el juez federal Robert Carter «ha declarado que el examen [para ser policías] estaba sesgado» porque muy pocos candidatos negros o hispanos habían conseguido puntuar entre las notas más altas. Y el *Sacramento Bee* consideraba la decisión del juez Robert F. Peckham de prohibir los tests de CI como un criterio para permitir el acceso a los niños con DME (deficiencia mental educable) a los colegios de California. Peckham estaba preocupado por el predominio de negros en las clases y dictaminó «que no podía haber una desproporción sustancial de negros [...] si el proceso de selección había sido imparcial». En otras palabras, ambos asumían que los resultados no reflejaban una aptitud natural. Si Jensen hubiera probado que los tests son imparciales en este sentido (sesgo-v), habría generado una problemática importante y profunda.

Pero «sesgo», para un psicometrista, tiene un significado diferente y mucho más conciso, y Jensen solo se ocupa de este significado técnico (al que llamaré sesgo-e o sesgo estadístico). Un test de inteligencia es de sesgo-e porque evalúa dos grupos exclusivamente en las siguientes circunstancias: supongamos que trazamos los resultados de un test de inteligencia y los mostramos en relación con lo que queremos predecir con el test (por ejemplo, las notas en la escuela, o la orientación laboral). El test será imparcial en un sentido estadístico si y solo si la puntuación en el caso de negros y blancos sigue la misma pendiente. Es decir, si las líneas para blancos y para negros, dibujadas por separado, no se diferencian en la pendiente en el mismo punto de intersección *y* (el punto de intersección entre las líneas y el eje vertical). Si parece un poco confuso, piense en la figura 1, un ejemplo de sesgo interceptado. Blancos y negros siguen la misma pendiente, pero los blancos tienen una intersección *y* más elevada.

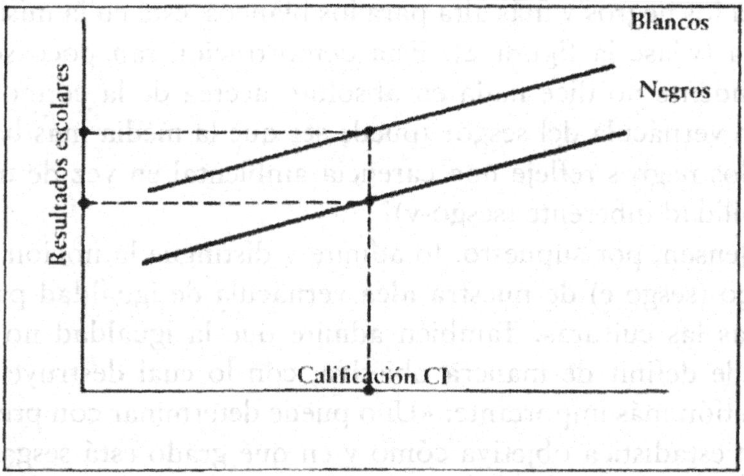

FIGURA 1. Test con sesgo estadístico. La misma puntuación del CI predice grados distintos en blancos y negros.

No es difícil darse cuenta de por qué los psicometristas quieren deshacerse del sesgo-e; el mismo resultado concede predicciones distintas según la pertenencia a un grupo u otro. En la figura 1, un CI de 100 predice que un negro sacará peores notas que un blanco. Ningún evaluador sensible quiere construir un instrumento en el que los mismos resultados signifiquen cosas distintas según los tipos de gente.

Jensen utiliza su libro para demostrar que el sesgo-e no afecta a los tests de inteligencia, o que se puede corregir cuando lo hay. Y aun así no encuentro nada sorprendente en su demostración densamente documentada de que los tests son imparciales en este sentido. De hecho sería penoso que después de un siglo de esfuerzos los psicometristas no hubieran encontrado la manera de eliminar un efecto tan elemental e indeseable.

Afirmando que los tests son imparciales, lo único que ha conseguido es mostrar que la puntuación media, más baja para los negros y más alta para los blancos, está en la misma línea (véase la figura 2). Esta demostración tan poco sorprendente no dice nada en absoluto acerca de la connotación vernácula del sesgo: ¿puede ser que la media más baja de los negros refleje una carencia ambiental en vez de una habilidad inherente (sesgo-v)?

Jensen, por supuesto, lo admite y distingue la noción de sesgo (sesgo-e) de nuestra idea vernácula de igualdad para todas las culturas. También admite que la igualdad no se puede definir de manera objetiva, con lo cual destruye su cuestión más importante: «Uno puede determinar con precisión estadística objetiva cómo y en qué grado está sesgado un test con respecto a los miembros de una subpoblación en particular. Pero no se puede llegar a una determinación objetiva de hasta qué punto cierto test tiene una carga cultural. Se trata de un atributo subjetivo y por lo tanto, un juicio falible. [...] No debemos asociar el "sesgo" con los conceptos de justo-injusto».

Pero estas palabras llenas de valentía se diluyen y ofuscan a lo largo del libro por tres razones. La primera es que, aunque haga las distinciones de forma justa y abierta, las entierra en dos páginas en mitad de la obra y no vuelve a poner énfasis en ellas. La segunda es que Jensen apunta con acierto que algunos tipos de sesgo-e pueden estar relacionados con el medio (la intersección *y* de la figura 1 lleva a los blancos a obtener mejores notas que los negros, aunque hayan obtenido los mismos resultados en el test puede que refleje que hay ventajas ambientales que el test no muestra). En este sentido, los conceptos de sesgo-e y diferencias en el entorno quedan sutilmente fusionados (y de ahí que uno puede tener un desliz y llegar a la falsa conclusión de que los tests sin sesgo-e no puede registrar diferencias contextuales), aunque la existencia del sesgo-e es irrelevante en la cuestión clave acerca del entorno que ha acaparado todo el debate: ¿la media inferior de los negros refleja desventajas del entorno? De hecho Jensen arguyó en un artículo de 1969 que las diferencias no se podían atribuir al sesgo-v porque tienen un origen fundamentalmente genético.

Tercero, después de que Jensen deje claras las distinciones entre sesgo-e y «justicia cultural» se dedica a confundirlo totalmente usando «sesgo» una y otra vez, en su sentido vernáculo. Por poner un ejemplo, habla de «la hipótesis de que, cuando se administra el Stanford-Binet en vez de la normativa original a una población, la otra población debería puntuar menos que la que tiene la muestra normativa a causa del sesgo cultural». En otra ocasión habla de dos tests que contenían «prejuicios culturales» y atribuían una mayor puntuación a los niños de población rural o de población urbana. Habla también de las diferencias medias entre grupos que deberían ubicarse en la misma línea en parcelas de puntuación en el test frente a criterio. Por lo tanto el prejuicio cultural potencial pertenece al sesgo-v. Pero Jensen nos advierte que no debemos usar ese término para referirnos a este concepto.

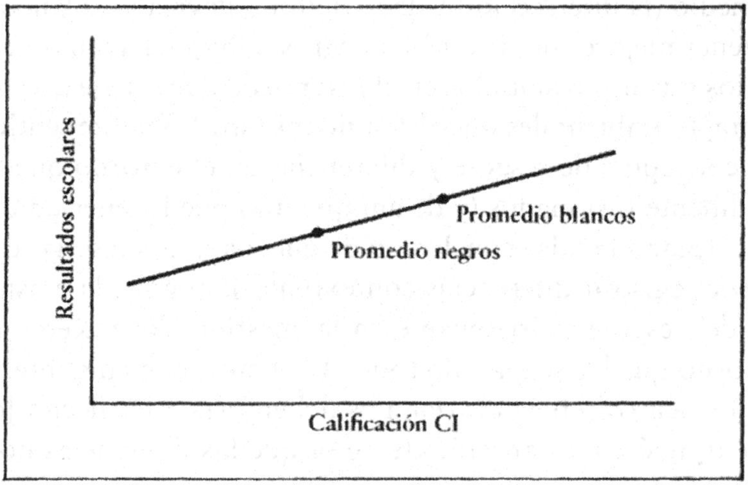

FIGURA 2. Un test sin sesgo-e.

Resumiendo, el principal contenido de este libro no aporta nada nuevo a la cuestión que ha encendido el debate del CI y que Jensen había tratado en un artículo de 1969: ¿qué sentido tiene que los negros saquen una media por debajo de la de los blancos? Su concepto de sesgo (sesgo-e) no aborda la cuestión, pero como está directamente relacionado con el sentido vernáculo de sesgo, los críticos que no están versados en estadística (como es el caso del de *Time* o el de *Newsweek*) han considerado que si Jensen, con una obra tan voluminosa sobre el tema, afirma que las diferencias en los resultados obtenidos en el CI no se deben a fenómenos relacionados con el entorno, es que tiene que ser así.

LA INTELIGENCIA ¿ES UNA «COSA»?

El psicólogo de Harvard E. G. Boring sugirió que los psicólogos tienen que evitar el asunto engorroso de identificar la inteligencia y de preocuparse sobre si los tests son capaces de captarla. Este estigma del pragmatismo, en cambio, no ha sido un problema para los hereditaristas que creen que la inteligencia es un auténtico atributo, algo objetivo y mensurable a través de los tests. Además han tendido a adoptar lo que yo llamo «la falacia de la escalera», esto es, que la inteligencia (o al menos su aspecto más importante) es una unidad cuantificable y que a cada individuo se le puede asignar un valor, de manera que se puede clasificar a la gente dentro de una escalera ascendente que va del simio a Einstein y que capta el aspecto más importante del potencial de cada uno. El concepto de CI se basa por completo en esta falacia.

La única justificación teórica importante que han ofrecido los psicometristas que respalde la idea de que la inteligencia es un auténtico atributo que se puede cuantificar (CI) tiene que ver con el antiguo concepto de «análisis factorial». Jensen explica que el análisis factorial es «esencial para la comprensión teórica de la inteligencia», pero fuera del círculo profesional de la psicometría, no ha creado ningún tipo de debate. Esto es bastante lamentable porque tanto la historia como la teoría del test de CI no se pueden entender sin el referente del análisis factorial.[5]

Jensen resucita la interpretación original de Charles Spearman sobre el análisis factorial para argumentar que la inteligencia es una «cosa» única y definible, y que los negros tienen menos que los blancos, una hipótesis que había muerto (o eso creía) desde que L. L. Thurstone hizo su crítica devastadora en la década de 1930.

Spearman desarrolló el análisis factorial en 1904 para enfrentarse a una observación interesante, pero poco sorprendente: si a un grupo de gente se les pasa un conjunto de tests de facultades intelectuales, los resultados tienden a ser positivamente correlativos, o sea, aquellos a quienes les va bien un test acostumbran a sacar buenas puntuaciones en el resto. Spearman se preguntaba si no existía un factor común subyacente en esa tendencia de similitud de resultados en cada individuo. Compiló lo que los estadistas llaman «una matriz de coeficientes correlativos» y extrajo de ella un número al que llamó *g* o inteligencia general. Llegó a la siguiente conclusión:[6]

> El examen de las distintas facultades, ya sean sensoriales, los resultados escolares u otras, se pueden considerar estimaciones, obtenidas independientemente las unas de las otras, de una gran función común: la función intelectual.

El coeficiente correlativo es una medida de asociación entre dos tests administrados a varias personas. Su valor va de -1,0 (obtener un buen resultado en un test implica obtener un mal resultado en el otro), a 0,0 (el resultado obtenido en un test no predice el resultado en el otro) hasta 1,0 (obtener un buen resultado en un test implica también un buen resultado en el otro). La mayoría de coeficientes correlativos entre tests de facultades intelectuales son positivos, pero casi nunca se acercan al valor perfecto de -1,0, es decir, que los que obtienen un buen resultado en un test tienden a obtener buen resultado en el otro pero la puntuación de uno no predice exactamente la del otro y no todo el mundo obtendrá buen resultado en los dos. Una matriz de coeficientes correlativos no es más que una tabla que enumera todos los coeficientes individuales en un conjunto de diversos tests.

Spearman creía que su *g* representaba una entidad física. Lo identificaba con una «energía cerebral» innata y afirmaba que los negros y la gente pobre poseían menos energía que los blancos y los de clase alta. El sucesor de Spearman en la Facultad de Psicología del University College de Londres, sir Cyril Burt, dedicó la mayor parte de su carrera a defender la interpretación hereditaria de *g*. Sabemos que utilizó datos falsos para demostrarlo, pero aun así nos podemos cuestionar si *g* es realmente una entidad. Para demostrar que no lo es, primero tenemos que entender cómo se extrajo de un conjunto de coeficientes correlativos. Por suerte se puede explicar simple y llanamente utilizando la geometría.

Se representa un conjunto de coeficientes correlativos como un grupo de vectores (líneas) que irradian de un mismo punto. Para simplificarlo (sin que se altere la validez de la demostración), trazamos segmentos de la misma longitud y suponemos que el coeficiente de correlación entre dos tests viene dado por el coseno del ángulo que separa a los dos vectores del test. (Esto confirma nuestra intuición: dos tests perfectamente correlativos se representan con vectores que se solapan. El coseno de cero grados es 1,0. Dos tests independientes tienen vectores en ángulo recto: el coseno de 90 grados es 0. Cuanto más cerca están dos líneas, mayor será el coeficiente de correlación.) En la figura 3 he tomado en consideración cuatro tests (dos verbales y dos de aritmética) en un espacio bidimensional. Los cuatro tests están correlacionados positivamente (cualquier par de vectores forma un ángulo de menos de 90 grados), pero los tests verbales y los aritméticos forman parte de subgrupos diferentes (los verbales están más correlacionados el uno con el otro que con cualquier test de aritmética). Esto representa la situación más común de correlación positiva entre los tests, con la tendencia de que los tests de características similares se subagrupen.

El *g* de Spearman es simplemente lo que los estadistas llaman «el primer componente principal»[7] del conjunto de vectores.

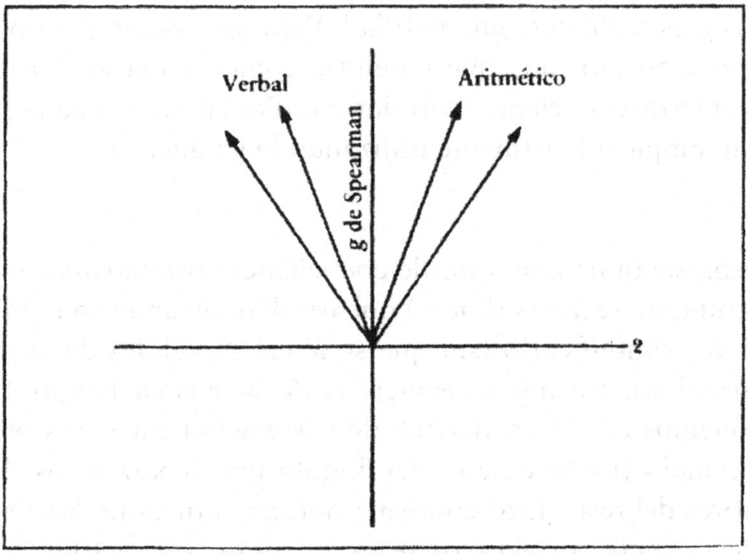

FIGURA 3. Orientación de componentes princpales.
Primer y segundo ejes.

Es la recta que «explica» más información; ningún otro vector en cualquier otra posición la podría superar en ese sentido. En nuestra figura pasa, como era de esperar, por el medio del grupo. Como en todos los tests los vectores tendían a alinearse hacia este primer componente principal, Spearman pensó que había descubierto una inteligencia común subyacente que cada test medía de forma imperfecta. De ahí que lo llamara *g* o inteligencia general. En las dos parcelas donde se encuentran los cuatro vectores, podemos ubicar un segundo componente principal que forma un ángulo recto con el primero. La proyección de los vectores en el segundo componente pone de manifiesto la pequeña separación que hay entre el grupo verbal y el aritmético, pero el efecto no es muy notable porque los vectores se resuelven en el primer componente (*g*). En datos reales a menudo los patrones de variación y los errores de medición anulan por completo este efecto. Así, los ejes del componente principal son muy efectivos a la hora de identificar las variaciones comunes entre distintos tests, pero no son muy útiles para definir los grupos.

Desde la aparición del artículo seminal de Spearman en 1904 hasta la década de 1930, el análisis factorial se convirtió en toda una industria dentro de la psicología; se hacía incondicionalmente en la orientación de componentes principales que he descrito antes. La *g* identificada como primer componente principal fue cosificada en una entidad y tanto los individuos como los grupos se clasificaron según la cantidad que contenían de *g*. (Cyril Burt tituló su libro más importante *The Factors of the Mind*.) En los tests de CI los vectores tienden a acercarse al primer componente principal; de ahí que este tipo de tests sirvan de suplentes de *g* y de criterio válido para la clasificación unilineal de la gente según su cantidad de inteligencia. La *g* de Spearman se convirtió en la razón de ser de los programas de selección y transmisión en educación, y por extensión afectó a la vida y carrera de millones de personas. Un ejemplo es que sirvió de justificación principal en la clasificación de los alumnos británicos en escuelas separadas a partir de los once años (cuando *g* ya se había estabilizado y antes de que fueran importantes los «factores de grupo» por habilidades especializadas). Como decían en la época, el «resultado final» era el reparto entre «listos» (20 %) y «tontos» (80 %).

En Estados Unidos, en la década de 1930, el estadista y psicólogo L. L. Thurstone destruyó virtualmente este edificio con un simple y elegante argumento. Señaló que la orientación por ejes del componente principal no tenía una necesidad teórica, matemática o psicológica. Solo representaba una posible posición entre infinitas de los ejes en un enjambre de vectores. El lugar donde ubicas los ejes depende de lo que quieras aprender. Dado nuestro sutil prejuicio hacia la clasificación unilineal y las nociones de progreso, y nuestra no tan sutil preferencia por ordenar a la gente según un «valor» inferido (confiriendo un valor superior al grupo al que pertenecemos), no es de extrañar que los componentes principales aparentaran ser los más «naturales»; incluso la única manera correcta de realizar un análisis factorial. Pero Thurstone nos hacía suponer que lo que nos interesaba era localizar grupos con habilidades más concretas, en vez de buscar una variación común. En tal caso sería mejor disponer los ejes más cerca de los grupos, en una orientación a la que Thurstone llamó «estructura simple».

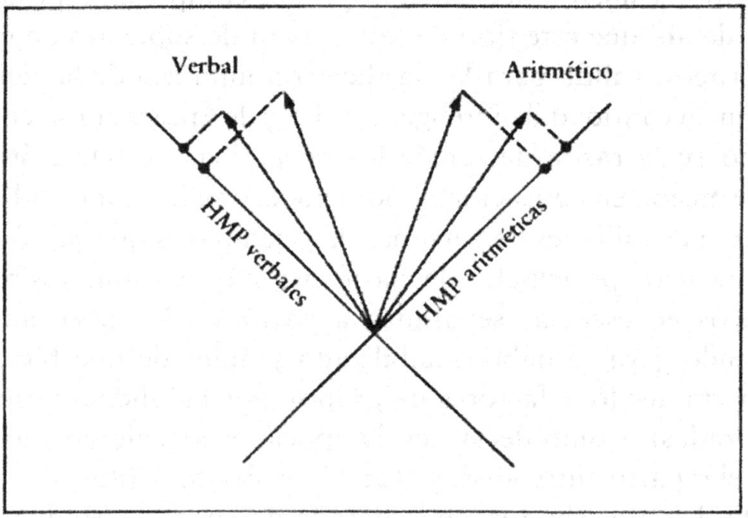

FIGURA 4. Primer y segundo ejes de estructura simple, donde *g* desaparece.

La figura 4 muestra una solución de estructura simple para los mismos cuatro vectores del ejemplo anterior. Observen que los grupos verbales y de aritmética ahora están claramente separados por proyecciones considerables en un eje y por otras muy bajas en el otro. Thurstone usó la estructura simple para identificar las «habilidades mentales primarias» o HMP. (Él también cometió el error de cosificar y llamó «vectores de la mente» a los ejes de su estructura simple.)

Los ejes de la estructura simple son tan válidos, en términos matemáticos, como los componentes principales. Resuelven la misma cantidad de información y también se pueden moldear para producir interpretaciones psicológicas convincentes. Pero fíjense en qué le ha ocurrido a *g*, la supuesta cuantificación innata e ineluctable de inteligencia general. Ha desaparecido. En vez de ella y otros factores secundarios, ahora tenemos HMP. Los datos no han cambiado ni un ápice. Si los mismos datos pueden producir una *g* dominante con sus factores subsidiarios, o bien un conjunto de HMP sin ninguna *g*, ¿cuál de las teorías puede considerarse como necesariamente real?

El sistema de Thurstone destruye la razón de ser de la clasificación unilineal y la sustituye por un cúmulo de HMP, que indican que ciertas personas son buenas en unas cosas y otras personas en otras cosas. ¿Qué más podemos decir? Thurstone añadió:

> Incluso aunque se pueda describir a cada individuo en términos de un número limitado de capacidades independientes de referencia, es posible que cada persona sea distinta al resto de las que conforman el mundo. Debería describirse a cada persona en términos de su puntuación media en un número limitado de capacidades independientes. El número de permutaciones de tales resultados bastaría para garantizar la preservación de una identidad individual.[8]

Al defender su tercera afirmación (que los tests de CI miden lo que legítimamente podemos llamar inteligencia), Jensen ha resucitado la forma original del argumento Spearman-Burt de *g* y la solución de los componentes principales. Cabe decir que manifiesta su compromiso con la idea de la inteligencia como una simple cuantificación distribuida en diferentes variaciones entre las criaturas de Dios, en las páginas más ingenuas que he leído sobre evolución en años. De hecho Jensen quiere hacer extensiva la inteligencia general a todo el reino animal y para eso rescata la escalera evolutiva de Lamarck, que Darwin derrocó en su momento cuando mostró que la filogenia es un árbol con muchas ramas. Dice Jensen:

> Los rasgos comunes de los tests experimentales desarrollados por los psicólogos comparativos que distinguen claramente digamos los pollos de los perros, los perros de los monos y los monos de los chimpancés sugieren que pueden escalarse más o menos a lo largo de una dimensión *g*, que se puede interpretar como un concepto de interespecies con una base biológica y evolutiva amplia, que culmina en los primates.

Pero los primates no son la culminación de nada, solo un miembro más en el árbol de los mamíferos; y la secuencia pollo-perro-mono-chimpancé no es evolutiva. La afirmación de Jensen acerca de los «distintos niveles de escala filética; esto es, lombrices, cangrejos, peces, tortugas, palomas, ratas y monos» es todavía más graciosa, sobre todo porque actualmente sabemos que los peces óseos evolucionaron unos cien millones de años más tarde que las tortugas, y que la conexión evolutiva entre cangrejos y vertebrados no es directa, sino que proviene de algún antepasado común desconocido que vivió hace más de seiscientos millones de años. «La tortuga», sea cual sea la especie a la que se refiere de entre los cientos que existen, no es, como pretende Jensen «filogenéticamente superior al pez» (algo todavía más vago puesto que hay más de veinte mil especies de peces en lagos, ríos y océanos).

Pero no se queda contento con usar *g* como sistema para clasificar el mundo. ¡Quisiera incluso hacerlo extensivo al universo! «La ubicuidad del concepto de inteligencia se distingue claramente en los debates entre los seres culturales más diferentes que uno pueda imaginar, como la vida extraterrestre en el universo [...] ¿Es posible imaginar seres "inteligentes" que no tengan *g*, o cuya *g* sea cualitativamente distinta de la *g* tal y como la conocemos?». Con esta devoción por cuantificar, clasificar la inteligencia unilineal en todo el universo, no puede sorprendernos que Jensen rescate el argumento Spearman-Burt para analizar a los simples mortales de una especie y elevar ese modelo a la categoría de realidad necesaria.

Evidentemente Jensen está al corriente de la crítica de Thurstone y la toma en consideración largo y tendido. Su defensa de que *g* es dominante e ineludible nace de la observación de Thurstone acerca de la rotación de ejes de la estructura simple. En la figura 4, las estructuras simples no están dentro de los grupos sino fuera de ellos. Esto sucede porque los grupos en sí están correlacionados positivamente (separados por un ángulo de menos de 90 grados), mientras que los ejes de las estructuras simples se definen a nivel matemático como no correlacionados (separados por 90 grados). Así que los ejes no se corresponden con los grupos, aunque están cerca. Thurstone admitió que los grupos estarían más definidos si los ejes pasaran a través de ellos, como en la figura 5. En el llamado sistema «oblicuo» de estructura simple, los ejes están positivamente correlacionados y esta correlación registra una especie de *g* de segundo orden, como admite Thurstone. Por lo que Jensen deduce que *g* tiene que ser real. No se puede eludir porque aparece directamente en los componentes principales e indirectamente como causa de la correlación positiva en los ejes de estructura simple oblicua. Pero Jensen pasa por alto uno de los puntos clave de Thurstone acerca de la forma indirecta de *g*: se puede considerar un efecto secundario débil que da cuenta de un porcentaje bajo de variación total entre todos los tests. El argumento de Jensen exige que *g* exista y que sea cuantitativamente la principal fuente de variación. «Estamos obligados a inferir que *g* es muy importante en la vida real por el hecho de que constituye el componente más destacado de la variación total en todos los tests de inteligencia o CI», dice.

En resumen, hay una diferencia fundamental entre *g* como componente principal (Spearman-Burt) y *g* como correlación de segundo orden de los ejes de estructuras simples oblicuas (Thurstone): *g* es preponderante en el primer caso y muy débil en el segundo (cuando el argumento de Jensen exige que también en este caso sea preponderante). Si ambos representan métodos válidos de análisis factorial, debemos llegar a la conclusión de que la *g* dominante que necesita Jensen no es un hecho de la naturaleza, sino un artificio en la selección de métodos.

Detrás de este tecnicismo se encuentra un error todavía más profundo en la identificación de *g* con una sola cantidad definida como «inteligencia general». La *g* de Spearman es una medida aislada de los coeficientes correlativos, y el lugar común más viejo de la estadística establece que la correlación no implica causa (consideremos la correlación positiva perfecta entre mi edad y la expansión del universo durante los últimos cinco años).[9] Incluso aunque la *g* dominante fuera una abstracción ineluctable de la correlación matriz, no nos diría *por qué* los tests de facultades mentales tienden a ser positivamente correlativos.

Puede que la razón sea innata, como asume y exige Jensen (la gente que saca una buena puntuación en un test normalmente también la obtiene en otro porque tiene más

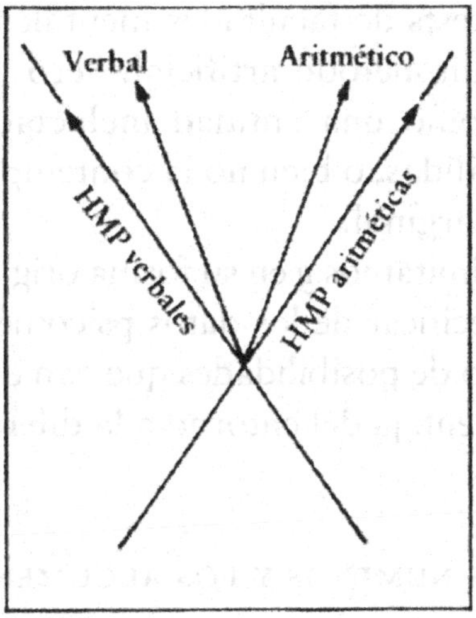

FIGURA 5. Primer y segundo ejes oblicuos de estructura simple.

inteligencia innata). Pero la causa también puede ser en buena parte, o por completo, debida al entorno (la gente que obtiene buenos resultados en un test, también los obtiene en el otro porque ha tenido una buena educación, se ha alimentado bien, ha recibido estímulos intelectuales por parte de su familia, etc.). La interpretación del contexto ambiental debilita la afirmación reiterada de Jensen (en su significado vernáculo) de que los blancos son más inteligentes que los negros, como reflejan los resultados de los tests sin sesgo. Aun así esta interpretación gana consistencia con la teoría de Spearman. Pero el argumento de Jensen sufre una doble derrota: la *g* de Spearman es solo una manera válida entre muchas de representar los datos. Y aunque *g* fuera una entidad, no se podría identificar con ningún tipo de propiedad innata que merezca el nombre de inteligencia.

Podemos llegar a las siguientes conclusiones:

1. La *g* de Spearman es como mucho una de tantas maneras de resumir conjuntos de datos de las correlacio-

nes entre tests de facultades mentales, y en el peor de los casos un método artificial. Pero no se puede contemplar como una entidad ineluctable porque otras técnicas válidas, o bien no la contemplan, o representa un dato marginal.

2. Aunque admitamos *g* en su forma original, su base no se puede especificar de los datos psicométricos. Hay todo un espectro de posibilidades que van desde la pura ventaja o desventaja del entorno a la diferencia innata.

EL RIGOR EN LOS NÚMEROS Y LOS ARGUMENTOS

La preferencia de Jensen por la clasificación lineal según una única cualidad innata llamada «inteligencia general» no solo lo ha llevado a afirmaciones incorrectas o irrelevantes (el significado de sesgo o la interpretación del análisis factorial), sino que además sesga su interpretación de varios hechos que abundan en todo el libro y que el sentido común interpretaría de otra forma. Por ejemplo nos informa con entusiasmo acerca del coeficiente de correlación entre el cerebro y del CI de un 0,3. No tiene ninguna duda de que esta correlación registra que la selección natural trabaja para obtener una inteligencia mayor a través de cerebros más grandes. Considera que la fuerza de la correlación es notable porque «la mayor parte del cerebro se dedica a funciones no cognitivas».

Pero al final de la misma página apunta una correlación de igual fuerza (una media de 0,25) entre el CI y la estatura corporal. En este caso, está «casi seguro de que no encierra ningún tipo de relación causal o funcional». Jensen está tan ligado a su esquema argumental principal que se le escapa la interpretación más obvia de los hechos: que la escasa correlación del CI y la altura refleja ventajas ambientales (sobre todo nutricionales) y la correlación de CI y tamaño cerebral es una consecuencia indirecta y no causal de la misma relación, ya que la gente más grande tiene miembros más grandes, incluyendo el cerebro, los brazos y las piernas (aunque a nadie se le haya ocurrido computar la correlación de longitud de piernas con el tamaño del cerebro. De hecho la elección de la pregunta se hace en función de las expectativas).

Existen más evidencias de que el ambiente ejerce una influencia importante en el promedio de CI en los grupos, que se pasan por alto o se advierten en otros contextos. Creo que en el libro de Jensen no hay nada más sorprendente que un gráfico en la página 569 que muestra que los niños sometidos en 1972 al test de Stanford-Binet y puntuados según las normas de 1937, tienen una media de 106,3 de CI (una ganancia general de casi la mitad sobre la media de 1937, que era de 100). Dentro de algunas clases de edades la media ganada es considerablemente más alta (10,8 puntos a los tres años y medio, por ejemplo. Quizás fruto del efecto *Barrio Sésamo*).

Este aumento no puede explicarse por causas genéticas; más bien es el reflejo de una mejora en la alfabetización, el acceso más temprano a la información a través de la radio y la televisión, una mejora en la nutrición y otros cambios culturales similares que han tenido lugar en solo treinta y cinco años. Si reconocemos que la media entre blancos y negros es de 15 puntos y que el aumento de más de dos tercios de esta cantidad se ha dado en determinados grupos de edades como resultado de cambios en el entorno que no estaban pensados concretamente para tal fin, ¿por qué debemos estar preparados para concluir que las diferencias entre grupos son ineluctables? No sé de ninguna evidencia que ponga de relieve de forma clara la eficacia del nivel de vida para incrementar la llamada «inteligencia general» de los americanos.

Jensen pretende encubrir tales dificultades con la clásica táctica de los hereditaristas: tengo los números, el rigor y la objetividad; tú solo tienes emociones y esperanza. Habla de los que son críticos con las pruebas como «muy emocionales, *ad hoc*, a menudo se contradicen. Transmiten actitudes y sentimientos en vez de información». Pero en cambio describe su propio trabajo como «una revisión exhaustiva de la investigación empírica». Muchas veces la táctica funciona. Las ochocientas páginas de números entumecen a muchos periodistas que no han sabido encontrar el punto débil del argumento y que por esto asumen que (de acuerdo con la falacia de que «cuanto más, mejor») tantas páginas deben reflejar profundidad.

Pero un argumento es bueno solo si las premisas y la lógica lo permiten. Jensen se desprende con desdén de las críticas y las etiqueta de «análisis de sillón», pero la cantidad de números citados no puede salvar un argumento enterrado en premisas que no son válidas. Lord Kelvin probó que la tierra no podía tener más que algunos millones de años (no los suficientes para la evolución darwiniana), con números mucho más rigurosos que los que un psicometrista haya formulado; pero los números se fundamentaban en la falsa suposición de que el calor que emanaba del interior de la tierra reflejaba el frío de un planeta inicialmente fundido, ya que ahora sabemos que el calor nace en gran medida de la corrupción de materiales radiactivos.[10]

Los informáticos tienen una palabra para eso, uno de sus acrónimos más eufónicos: GIGO.* Pero el problema de Jensen no es la basura, sino la irrelevancia (unas cuatrocientas páginas de sesgos) y las premisas falsas (la ecuación de Spearman de *g* e inteligencia).

Sin duda los números tienen el poder de engañar y adormecer, pero los críticos deben mirar más allá de los números

* En inglés, *garbage in, garbage out*, es decir, «basura dentro, basura fuera». (*N. de la t.*)

y fijarse en cómo son los argumentos y qué los motiva. Léonce Manouvrier, uno de los principales antropólogos estadistas de finales del siglo XIX, desarrolló el siguiente argumento, después de refutar la afirmación de Paul Broca de que los cerebros más pequeños en las mujeres significaban una inferioridad en inteligencia:

> Las mujeres muestran sus talentos y credenciales. También invocan a autoridades filosóficas. Pero se opusieron a las cifras desconocidas de Condorcet o Stuart Mill. Esos números cayeron encima de las pobres mujeres como un mazo, y fueron acompañados de los comentarios y el sarcasmo más feroces que las imprecaciones más misóginas de algunos curas. Los teólogos se habían preguntado si las mujeres tienen alma. Siglos más tarde, algunos científicos estaban dispuestos a no permitirles tener inteligencia humana.[11]

9

CULTIVANDO LA NATURALEZA*

La isla Cat de las Bahamas tiene una población en declive de unos cien habitantes que vive de la agricultura de tala y quema. Las casas de una sola habitación están desprovistas de cañerías y casi ninguna tiene electricidad. El profesor local, un británico expatriado, me contó que en siete años solo un niño había conseguido entrar en el programa de dos años de la Universidad de las Bahamas en Nassau, y que luego, además, suspendió. Cuando le preguntó por qué, me dio una respuesta completamente obvia y razonable: ¿cómo se podía esperar que los chicos de Cat tuvieran tiempo e interés por los estudios? Llegan tarde a casa, tienen que transportar agua, cuidar de las cabras, ayudar a preparar la comida. Después de cenar no tienen ni sitio ni luz para hacer los deberes. Asentí, totalmente de acuerdo, pero su siguiente declaración me dejó perplejo (debo añadir que fue una conversación casual de bar; me tomaba por un peculiar recolector de caracoles y no como el autor de *The Mismeasure of Man*). Ahora sabemos, me dijo, que solo el 20 % de las habilidades mentales dependen del contexto ambiental; el 80 % es heredado, así que estos factores solo pueden explicar una quinta parte de su bajo rendimiento. El resto es genético y probablemente se deba (opinó) a la endogamia que existe entre las pocas familias que habitan la isla.

* Reseña de *No está en los genes*, de R. C. Lewontin, Steven Rose y Leon J. Kamin.

El primer ministro de Singapur, Lee Kuan Yew, ha generado recientemente una ola de protestas al sugerir que el acervo genético de su nación está a punto de caer en picado. Estudió las cifras del censo y señaló una tendencia común en todos los países desarrollados: las mujeres que han recibido más educación tienen menos hijos que las que han tenido poca escolarización.

Aunque normalmente este hecho no inspira ningún tipo de acción más allá de la reivindicación de una mayor escolarización (tanto por su valor intrínseco como por el impacto benéfico en el tamaño de la población), Lee dio un giro eugenésico difamatorio al argumento que no se oía desde hacía más de medio siglo: las mujeres que no han recibido educación son genéticamente inferiores en inteligencia y en consecuencia también lo serán sus vástagos, que inundarán la pequeña piscina de niños inteligentes nacidos en las familias de padres educados. Lee reconoció que tanto el contexto ambiental como la crianza pueden influir en el acceso a la educación y el posterior éxito, pero ahora sabemos, continuó, que el 80 % de la inteligencia es heredada y solo el 20 % se puede moldear por las circunstancias. «El rendimiento de una persona depende de su naturaleza y educación —dijo—. Existe una evidencia creciente de que lo natural, o lo heredado, es mucho más determinante en el rendimiento de una persona que lo aprendido (o la educación y el contexto ambiental) [...] Los investigadores concluyen que el 80 % es natural o heredado, y el 20 % obedece a las diferencias a causa de un contexto y una cría diferentes».

Las falacias de este y otros razonamientos sobre la heredabilidad del comportamiento social humano han sido ensayadas tan a fondo que los investigadores pueden tener la tentación de tratar cualquier nueva discusión con disimulado aburrimiento. En el caso de las estimaciones de heredabilidad del CI, existe un auténtico berenjenal, ya que oscilan entre el notable 80 % al que alude constantemente Jensen, basado en la falsa investigación de sir Cyril Burt, hasta el argumento de Leon Kamin de que las pruebas existentes no impedían que el resultado real fuera igual a cero. En cualquier caso, la heredabilidad como término técnico no conlleva el significado vernáculo de «inevitabilidad», componente esencial del uso público del razonamiento, como indican mis dos ejemplos anteriores. La heredabilidad no es una medida de flexibilidad, sino una declaración de la variación de rasgos dentro de la población que puede atribuirse a diferencias genéticas entre individuos. Algunas discapacidades visuales son cien por cien heredables, pero se pueden corregir fácilmente con unas gafas.

Cualquiera que sea su popularidad en nuestros campus (donde no faltan ni la confusión ni la ofuscación), los razonamientos más crudos y desacreditados acerca de la heredabilidad del CI siguen influyendo y limitando la vida de millones de personas. Mientras los maestros de islas diminutas o los primeros ministros de algunas naciones actúen según la creencia de que el 80 % de la inteligencia está determinado por los genes, el potencial humano se sacrificará en un altar de malentendidos. El determinismo biológico es fundamentalmente una teoría de límites.

Por todo esto, *No está en los genes* es un libro importante y oportuno, ya que no solo expone las falacias del determinismo biológico (un campo bastante trillado ya),[1] sino que también presenta una visión positiva del comportamiento humano que nos podría dar un impulso más allá de la pasmosa esterilidad del debate innato-aprendido. Una buena comprensión de la biología y la cultura nos lleva a considerar la gran importancia de la biología en el comportamiento humano a la vez que da cuenta de que la biología nos hace libres. La vieja ecuación de la biología con la restricción, con lo inherente (en oposición a lo maleable), el lado falso de la dicotomía naturaleza y educación reside en razonamientos erróneos tan viejos como la propia cultura occidental. Los críticos del determinismo biológico no respetan la visión igualmente falaz (e igualmente cruel y restrictiva) de que la cultura humana anula la biología. El determinismo biológico ha limitado la vida de millones al identificar sus desventajas socioeconómicas como deficiencias de nacimiento, pero el determinismo cultural puede ser igualmente cruel al atribuir enfermedades congénitas severas, como el autismo, a condiciones psicológicas como el hecho de haber recibido demasiado amor paternal, o muy poco.

Dentro del siempre polémico debate del determinismo biológico, *No está en los genes* realiza dos aportaciones valiosas. Antes de todo debemos alabar a los autores por su honestidad poco común y el autoanálisis acerca de las razones de su preocupación. Esta franqueza nos lleva más allá del convencional conjunto de mitos que cada uno se saca de la manga para entender mejor cómo trabajan los buenos científicos. Richard Lewontin, Steven Rose y Leon Kamin aportan una amplia gama de experiencia en la temática. Lewontin es un genetista de la población y el autor de un libro sobre las causas y el significado de la diversidad humana; Rose trabaja en el ámbito de la neurociencia y ha escrito un puñado de análisis notables acerca de la relación entre la estructura del cerebro y el comportamiento humano; Kamin es el psicólogo que sacó a la luz la falsificación de sir Cyril Burt y escribió largo y tendido acerca de la historia y el significado de los tests de CI.[2]

En medio de tanta diversidad los autores comparten (debo añadir que junto con el crítico aquí presente) una perspectiva definitiva y bien postulada sobre el determinismo biológico en particular y sobre la función de la ciencia en general. En el prefacio escriben:

> Cada uno de nosotros lleva mucho tiempo involucrado en la investigación escribiendo, dando charlas, enseñando y en la actividad política pública en oposición a las formas opresivas con las que se manifiesta la ideología determinista. Compartimos el compromiso con la perspectiva de crear una sociedad en la que haya una justicia social (socialista) mejor y reconocemos que una ciencia crítica es parte integral de la lucha para crear esa sociedad, al igual que también creemos que la función social de gran parte de la ciencia de hoy en día es impedir que se cree una sociedad en la que se intenten preservar los intereses de las clases, géneros y razas dominantes.

La respuesta más tradicional y poco razonada de los científicos a tanta franqueza es el rechazo descarado de cualquier declaración posterior por motivos de parcialidad a primera vista. Al fin y al cabo, ¿no se supone que la ciencia tiene que ser una exploración fresca, desapasionada y objetiva de la realidad exterior? Como dijo T. H. Huxley en su famosa carta a Charles Kingsley,[3] cuyo punto de vista ingenuo se ha sacado de contexto y malinterpretado tantas veces:

> Siéntate antes de actuar como un niño pequeño, prepárate para abandonar cualquier noción preconcebida; dondequiera que vayas y a cualquier abismo al que te lleve la naturaleza, ve con humildad, o no aprenderás nada.

Pero los científicos no somos distintos del resto. Somos seres humanos apasionados, enredados en una red de circunstancias personales y sociales. Nuestro campo reconoce cánones de procedimiento diseñados para dar a la naturaleza la oportunidad de autoafirmarse delante de los diferentes sesgos;

pero a menos que los científicos entiendan sus esperanzas y se autoexaminen con rigor, no serán capaces de clasificar las preferencias surgidas del mensaje débil e imperfecto de la naturaleza. Como escribió Herbert Butterfield en su gran ensayo *The Whig Interpretation of History*:

> El historiador puede ser cínico con Gibbon o sentimental con Carlyle; puede sentir el ardor religioso o ser un humanista [...] No es ningún pecado que un historiador introduzca sus inclinaciones y que sean perfectamente reconocibles y descontadas. El pecado en la composición histórica es la organización del relato de tal forma que no se pueda reconocer ningún tipo de inclinación.

El compromiso político expresado abiertamente no impide al científico de ver la naturaleza con precisión, aunque solo sea porque ningún científico honesto o un activista político efectivo estarían lo bastante locos como para impulsar un programa que estuviera en total desacuerdo con el mundo tal y como está. Muchos acontecimientos de la naturaleza son decididamente desagradables (entre ellos destaca la certeza de la muerte del cuerpo), pero ningún sistema social deja de incorporar este tipo de información, a pesar de la plétora de paliativos, desde la reencarnación a la resurrección, que defiende más de una cultura.

La relación adecuada entre naturaleza y la vida personal y social de los científicos reside en una distinción admisible simplificada y venerable respaldada por el positivismo lógico; la diferencia entre el «contexto de descubrimiento» y el «contexto de justificación». Si quiere saber por qué fue Lewontin y no el genetista X quien fue capaz de sacar ciertas conclusiones, o por qué lo hizo en 1984 y no en 1944 (cuestiones relativas al contexto de descubrimiento), debe examinar las circunstancias psicohistóricas y socioeconómicas. Pero los «verdaderos valores» (o contexto de justificación) son otro asunto. La gente llega a conclusiones por las razones más tontas que nos podamos imaginar: a veces recuerdos vagos de puras conjeturas inspiradas por poetas y evocadas durante un sueño han resultado ser verdad, mientras que otras veces se ha llegado a conclusiones meticulosas a través de la experimentación consciente y repetida que han resultado ser erróneas.

Es más probable que combatan el determinismo biológico los científicos de izquierdas, mientras que los de derechas tienden a favorecer la justificación por excelencia del *statu quo* que les permite mostrar el carácter inmóvil de sus leyes biológicas; las correlaciones no son accidentales. Pero no seamos tan poco respetuosos con el pensamiento como para dejar de considerar la lógica de los razonamientos como el reflejo inevitable de las inclinaciones (una confusión de contexto de justificación). Si pensáramos que el determinismo biológico era pernicioso pero correcto, viviríamos con él, de la misma manera que nos enfrentamos al hecho de nuestra muerte inminente. Hemos hecho una vigorosa campaña contra esta doctrina, en primer lugar porque consideramos mala biología los argumentos deterministas; y solo a partir de ahí los vemos como artefactos utilizados para respaldar políticas dudosas.

No está en los genes es el análisis del argumento determinista desde un punto de vista definitivo y, por lo tanto, deja de ser una diatriba política. Empieza con varios capítulos acerca de los orígenes históricos y la utilidad social de las reivindicaciones de que la desigualdad entre razas, clases y sexos refleja la clasificación de los méritos genéticos diferenciales. En los capítulos siguientes analiza los detalles de los argumentos contemporáneos más destacados dentro del determinismo: el patriarcado del CI, la atribución de la patología social entre los pobres y desposeídos susceptibles de enfermedades cerebrales, la esquizofrenia (donde Kamin trata de aplicar el mismo tipo de análisis detallado de casos que usó al desacreditar el concepto de CI con éxito; en este caso, a pesar de que encuentra puntos superficiales de mala calidad e inconsistencias, no es capaz de encontrar defectos fatales) y la sociobiología. El último capítulo, titulado «La nueva biología contra la vieja ideología», presenta una visión adecuada e inextricable de la relación entre biología y cultura.

La segunda aportación valiosa del libro es que intenta avanzar más allá del descrédito al proporcionar un modelo útil de cómo la biología crea e interactúa con la cultura, que a su vez crea e interactúa con la biología. Lewontin se lamenta de que luchar contra el determinismo biológico es como apagar fuegos (y sabe de qué está hablando, ya que ejerce de bombero voluntario en el sur de Vermont). Cada vez que consigues extinguir uno, empieza otro en otra parte. Cuando consigues desacreditar la teoría de Carleton Coon acerca de los orígenes paralelos y separados de las razas humanas que surgieron en distintos focos de *Homo erectus* (los negros fueron los últimos en hacer la transición y por eso se quedaron atrás), Robert Ardrey escribe un libro a todo color sobre el origen de la violencia humana en el territorio del *Australopithecus* carnívoro: el simio asesino. Entonces demuestras que el *Australopithecus* era predominantemente herbívoro. Pero después William Shockley declara que el declive del CI entre los negros americanos es directamente proporcional a su porcentaje de herencia africana; además propone que paguemos una prima voluntaria para su esterilización que también sea proporcional a su déficit. Llegado a este punto, estás agotado; ya no quieres deslizarte más por el maldito palo. Pero los autores del libro respiran profundamente e intentan hacer una formulación positiva.

A veces se caricaturiza el determinismo biológico con el espantapájaros que es el determinismo cultural o la *tabula rasa* en estado puro. Aunque a los deterministas les gusta sugerir que sus oponentes mantienen ese punto de vista, ningún estudiante serio del comportamiento humano niega la fuerte influencia de la biología evolucionada en nuestra vida cultural. La hazaña no consiste en descubrir si nos afecta la biología; en realidad, queremos saber cómo nos afecta.

En un primer nivel más sofisticado de argumentación encontramos el «interaccionismo» que va más allá de la simple dicotomía innato-aprendido: la idea de que todo lo que hacemos está influenciado por la biología y la cultura a la vez, y que nuestra tarea consiste en dividir la totalidad en un porcentaje mesurable de ambas. Pero de hecho este tipo de interaccionismo es la postura de muchos deterministas, a quienes les encanta decir que no son cien por cien naturistas (por supuesto que no lo son; tampoco nadie es tan estúpido como para anular totalmente la biología, ni nadie niega que exista cierta flexibilidad en la traslación de genes en comportamientos más complejos). Los deterministas biológicos se esconden de la pantalla del interaccionismo, se quejan de que se les ha maldecido, y al final son conscientes de la importancia e independencia de la cultura. Entonces asignan porcentajes para que los genes tengan el control de lo que realmente importa (al fin y al cabo el 80 % del determinismo no es un mal resultado). En este modelo los antideterministas son los tipos que hacen la parcelación de otra manera y conceden un porcentaje muy bajo a los genes.

Pero los autores insisten en el tema principal de su libro: que el interaccionismo también se basa en profundos errores y en prejuicios culturales que siguen el juego del determinismo biológico. Esta marca mecanicista del interaccionismo sigue separando biología y cultura; sigue considerando que los genes son lo principal, profundo y real y que la cultura es superficial y superpuesta. Los genes son nuestra esencia heredada, y la cultura epifenómenos retocados.

Sostienen que la principal falacia es el reduccionismo: un tipo de pensamiento asociado a Descartes y a la revolución burguesa, que pone énfasis en la individualidad y el análisis del todo en términos de las propiedades subyacentes de sus partes.

Afirman que debemos ir más allá del reduccionismo, hacia un examen holístico, para ver que biología y cultura se compenetran de manera inextricable. Donde una no se desarrolla, la otra construye. Aunque los dinosaurios, con todo su peso, no hayan podido mover continentes, los organismos pueden crear y moldear su entorno; no son simples bolas de billar pasivas zarandeadas por los tacos de billar de la selección natural. Los individuos no constituyen la realidad fundamental, pero los colectivos (las sociedades y las culturas) son la acumulación de sus características. Las culturas también hacen a los individuos; ninguno de los dos va primero, ninguno de los dos es más esencial. Uno no puede limitarse a sumar los atributos de los individuos para obtener una cultura.

Así pues, no podemos analizar una situación social compleja poniendo tanta biología por un lado, y tanta cultura por el otro. Debemos intentar entender las propiedades emergentes e irreducibles que nacen de una interpretación donde no se separen genes y contextos ambientales. En resumen, debemos utilizar lo que muchos de los grandes pensadores han dado en llamar aproximación dialéctica, pero que la moda estadounidense desprecia como política retórica.

Los investigadores occidentales deberían tomarse más en serio el pensamiento dialéctico, que no ha sido descartado porque algunos países del segundo mundo han construido su propia versión de cartón piedra como doctrina política oficial. Las cuestiones que plantea son, bajo otra forma, las cuestiones que confrontan reduccionismo con holismo, actualmente un tema candente en biología (donde las explicaciones reduccionistas han alcanzado sus límites y por lo tanto el progreso requiere nuevas aproximaciones para procesar los datos existentes, en vez de acumular más información).

Las tres leyes clásicas de la dialéctica, cuando se presentan como directrices para una filosofía del cambio en vez de auténticos preceptos dogmáticos por decreto, expresan una visión holística que ve el cambio como una interacción entre los componentes de sistemas completos; y no ve esos componentes como entidades *a priori*, sino como productos de *inputs* para el sistema. La ley de «opuestos interpenetrantes» registra la interdependencia inextricable de los componentes: la «transformación de la cantidad en cualidad» defiende una visión de cambio basada en los sistemas que traduce el incremento de *inputs* en alteraciones de estado. La «negación de la negación», por su parte, describe la dirección que se da a la historia, ya que los sistemas complejos no pueden volver exactamente a su estado anterior.

Groucho Marx supo captar el espíritu mezquino académico al cantar su discurso inaugural del Instituto Darwin (¿o era Huxley?) en *Plumas de caballo*: «Sea lo que sea, estoy en contra». Por lo contrario, Lewontin, Rose y Kamin han entrado en una zona privilegiada de desprestigio académico y han emergido con un programa positivo. De hecho reclaman, ni más ni menos, que una revolución filosófica. Y tampoco se muestran indiferentes a la vieja historia del panteón marxista (esta vez me refiero a Karl), la última tesis de Feuerbach: hasta ahora los filósofos se han dedicado a interpretar el mundo de distintas maneras; pero de lo que se trata ahora es de cambiarlo.

CUARTA PARTE

CUATRO BIÓLOGOS

10

EL TRIUNFO DE UNA NATURALISTA*

Sería una grosería discutir que la aclaración sobre la doble estructura helicoidal del ADN de Watson y Crick en 1953 fue algo menos que uno de los mayores logros científicos de la historia moderna. Además, de un modo curioso, este descubrimiento difiere de otros acontecimientos revolucionarios en la ciencia por su naturaleza doblemente conservadora. En primer lugar, parecía confirmar la visión canónica de los sistemas genéticos como filas de cuentas (genes) sobre cuerdas (cromosomas), con su repercusión de que la evolución procede lenta y gradualmente, basada en última instancia en la generación de una nueva variación genética (mutación) por señalar cambios dentro de las cuentas (la sustitución de una base de ácido nucleico por otro, dando lugar a un aminoácido diferente en la proteína traducida).

En segundo lugar, el descubrimiento de Watson y Crick representó el mayor triunfo moderno de la metodología estándar que había regido la ciencia ortodoxa desde Descartes: el reduccionismo, con su particular afirmación (en este caso) de que las formas complejas de los organismos completados podrían explicarse, en última instancia, como los productos traducidos de un programa de código heredado por un mecanismo simple de cuatro bases de forma diversa

* Reseña de *A Feeling for the Organism: The Life and Work of Barbara McClintock*, de Evelyn Fox Keller.

en grupos de tres. ¿No se había construido Watson su doble hélice como una máquina de juguete basada en los tamaños y ajustes de sus partes constituyentes? ¿Y no había Crick, poco después, proclamado el «dogma central» (en sus palabras) de la nueva biología, en el que el ADN fabrica ARN y el ARN genera proteínas, en un flujo unidireccional de información, un proceso unidireccional de construcción mecánica?

Hace honor a la potencia del modelo de Watson y Crick y la fecundidad de la buena ciencia en general el hecho de que, treinta años después, esta visión cartesiana de la genética molecular haya sido reemplazada y, como una segunda revolución, transforme nuestra visión de la herencia y el desarrollo. El genoma, compendio de la información genética de una célula, no es un conjunto fijo de cuentas en las cuerdas, sujetas a cambiar mediante la mera sustitución de una cuenta por otra. El genoma es fluido y móvil, cambia constantemente en calidad y cantidad, y está repleto de sistemas jerárquicos de regulación y control.

Los genes se agrupan en pedazos, y la reestructuración de sus segmentos puede producir nuevas combinaciones. Algunos genes pueden extirparse de un cromosoma y moverse a otros lugares dentro del genoma; si estos «elementos transponibles» funcionan como reguladores para poner en marcha y desconectar los genes adyacentes, su desplazamiento a lugares nuevos (cerca de genes diferentes) puede tener efectos importantes en la coordinación y control del desarrollo. Otros genes hacen copias de sí mismos, y estos gemelos pueden ambos residir entonces junto a sus padres o trasladarse a otros cromosomas. De esta manera, cientos o miles de copias del mismo gen pueden repetirse en el programa genético de un organismo. Las múltiples copias de esta «familia de genes» pueden diferir entonces en función, proporcionando de este modo una solución al viejo enigma de cómo algo novedoso puede desarrollarse si todos los genes hacen productos necesarios para la construcción de un organismo y su bienestar. (Las copias originales podrán continuar haciendo el producto requerido, mientras que las nuevas copias son «libres» para modificar y experimentar.)

Si estos procesos reemplazan un genoma estático por un genoma de mayor movilidad sujeto a una reordenación rápida y profunda, el dogma central de su flujo unidireccional de la información desde el código hasta el producto ha sido también infringido. Una sustancia llamada «transcriptasa inversa» puede leer el ARN en el ADN e insertar nuevo material en los programas genéticos mediante una marcha reversible a lo largo de la calle de único sentido supuestamente del dogma central. Una clase de objetos, llamados retrovirus (e incluyendo la causa del sida), utiliza este camino hacia atrás, colocando material nuevo en el ADN cromosómico desde el exterior.

En resumen, un conjunto de asuntos nuevos —movilidad, reorganización, regulación e interacción— ha transformado nuestro punto de vista sobre los genomas de las matrices estables y lineales, pieza por pieza alterados y protegidos de cualquier interacción con sus productos, hacia sistemas de fluidos con potencial de rápida reorganización y una amplia retroalimentación de sus propios productos y otras fuentes de ARN. Las implicaciones para la embriología y la evolución son profundas, y en gran parte inexploradas.

Barbara McClintock es la madrina e instigadora de esta segunda revolución. Su descubrimiento de los elementos transponibles en el maíz, presentado por primera vez a principios de la década de 1950, antes de que su campo tuviera ningún lenguaje para expresar una idea tan heterodoxa, fue, en retrospectiva, el inicio de la moderna genética molecular. Ella sufrió el destino de muchos pioneros: la incomprensión y desconcierto por parte de la mayoría de colegas que no podían leer sus mapas de *terra incognita*. Pero la tenacidad, la bendición que supone haber vivido mucho y una fecunda actividad continua han esquivado la sensiblería final de la mayoría de los cuentos de los anales de la investigación científica, y ella ha vivido para saborear su triunfo en medio de una activa carrera.

Octogenaria y comprometida como siempre con la investigación sobre el maíz en sus laboratorios en Cold Spring Harbor, ha ganado los más importantes premios que la ciencia y el público pueden otorgar, desde el premio MacArthur hasta el premio Nobel. Y, para colmo de la ironía, esta mujer profundamente reservada, que ha trabajado toda su vida como recompensa personal e intelectual, solo puede ver el reconocimiento como una molestia y un impedimento. (La mayoría de nosotros, tan reconocidos, nos sentimos obligados a hacer algunos comentarios en público en el mismo sentido, de manera desinteresada, pero nos encanta el elogio y regodearnos en la fama; creo que Barbara McClintock puede sentir única y verdaderamente más molestias.)

Este tipo de relatos son carne de la mitología más simplista y la acogida que ha tenido McClintock entre el público ha fomentado la aparición de versiones vulgares que ensombrecen su historia más sutil y, sin quererlo, pero de manera perversa, degradan los logros de McClintock. La tradición vulgar trata de usarla como ejemplar en una de las dos variables típicas de la sociología de la ciencia: 1) la mujer de ciencia, una mente brillante rechazada por prejuicios sobre el color o el sexo del cuerpo que la contiene, y 2) el genio inconformista que, a pesar de sus esfuerzos heroicos, no obtiene ningún tipo de reconocimiento porque los compañeros no son capaces de escuchar otro tipo de discurso. Pero la historia nunca es tan simple ni pasa del extremo del genio individual intachable a la completa ignorancia. De la misma manera que el trabajo de McClintock ayudó a romper el dogma y establecer una interacción entre el código y el producto, la historia de su largo rechazo debería plantearse como un juego entre sus propias idiosincrasias y las reacciones de sus compañeros.

El punto fuerte del libro de Keller es que consigue evitar el mito y captar los detalles proporcionando un conocimiento peculiar y en profundidad de un testimonio fascinante dentro de la historia de la ciencia: el rechazo, o lo que todavía es más frustrante, la incomprensión, de grandes ideas.

Por lo tanto, a modo de círculo vicioso, lo que hace de McClintock un individuo fascinante a la vez que la aparta de ser un estereotipo, es lo que ha impedido a Keller lograr sus objetivos por razones que quedan fuera de su alcance. Si ha conseguido seguir adelante con fuerza y ecuanimidad en todos estos años de rechazo porque su remarcable trabajo es la mejor recompensa que pueda imaginar sin necesidad del reconocimiento de sus compañeros, ese mismo amor a la soledad la convierte en un personaje aún más difícil de biografiar. Ofreció a Keller muy poco material suculento, de los que sirven para nutrir una buena historia; alguna golosina de vez en cuando (nada que no supiera ya la audiencia) y casi nada acerca de sus pensamientos y motivaciones más íntimas.

La primera consideración de mujer de ciencias no consigue explicar sus años de soledad intelectual después del descubrimiento de los «genes saltarines» en el maíz. Por descontado no digo que no sufriera ningún tipo de prejuicio en razón de su sexo, puesto que este tipo de discriminación impregnaba y afectaba todas las etapas de su carrera en una desventaja práctica. Pero presumir que su experiencia de aislamiento, que fue la clave de su historia intelectual, tenía que ver con los prejuicios ciegos de su entorno, no haría más que quitar mérito a sus éxitos notables. Es más, ella estaba por encima de esos prejuicios gracias a la brillantez evidente de su trabajo mucho antes de que descubriera los elementos transportables en el maíz.

Los grandes logros acostumbran a borrar la memoria colectiva y reiniciar el reloj profesional del científico. Darwin, por ejemplo, siguió la carrera de geólogo antes de publicar nada sobre el origen de las especies, pero casi ningún admirador ni detractor sabe que resolvió el problema del origen de los atolones de coral. Asimismo, después de ser reconocida por los genes saltarines que marcaron el comienzo de su segunda revolución en genética molecular, pocos cronistas son conscientes de que cuando McClintock descubrió los elementos transportables dio un paso inmenso en su carrera.

Como acostumbra a pasar, los descubrió en un momento inesperado, mientras intentaba probar una cuestión a la que en aquella época los genetistas no daban mucha importancia, pero que era esencial para el estudio de la embriología y que, por su talento, le iba como un guante. Quería saber cómo los genes afectan al tiempo de desarrollo, regulando la actividad de otros genes que forman parte del cuerpo. Para este tipo de estudios el maíz encaja a la perfección porque las diferencias de tiempo normalmente se traducen en efectos claros de color de las cáscaras y los granos. Ninguno de sus colegas reduccionistas, que trataban de evitar criaturas tan complejas e intentaban trabajar con moléculas manipulando los organismos celulares más simples, estudiaba los problemas de regulación (aunque muchos genetistas los estudian hoy, ya que se trata de un tema fundamental que, según Aristóteles, es el problema fundamental de la biología: el desarrollo de la forma orgánica). McClintock encontró elementos regulativos en el maíz y después, por accidente, mientras probaba su expresión y herencia, descubrió que se movían.

Podría haberle ido bien estudiando el problema de la regulación porque ya llevaba a sus espaldas toda una carrera como estadounidense distinguida en el estudio de la citogenética (la rama de la biología que investiga la base física de la herencia, conectando los patrones genéticos observados con la estructura de los cromosomas y otros componentes de la célula). Marcó un antes y un después en la era moderna de la genética del maíz en una serie de estudios cuidadísimos que sirvieron para desarrollar técnicas de nombramiento, visualización y caracterización de diez pares de cromosomas que lleva el ADN del maíz. También realizó una serie de experimentos clásicos en citogenética que establecieron los fundamentos físicos de los principios básicos de la herencia. El más famoso fue publicado por Harriet Creighton en 1931, y probaba que los cromosomas llevan programas genéticos en el orden lineal que habían predicho los experimentos con pedigrís mendelianos de reproducción tradicional. Lo hizo estudiando el proceso de «cruzado», en el que los cromosomas apareados durante el proceso de meiosis (la división celular que forman el óvulo y el esperma) intercambian genes. (Demostró que este intercambio genético se corresponde exactamente con la ruptura e intercambio de segmentos de cromosoma.)

Por este trabajo rompedor y elegante recibió el elogio y reconocimiento de todos sus colegas, a pesar de los prejuicios e impedimentos con los que se había encontrado por ser mujer. Fue vicepresidenta de la Genetics Society of America en 1939, y presidenta en 1945. En 1944 consiguió el reconocimiento *pinnacle peer* de la American Science y se convirtió en la tercera mujer que ingresó en la National Academy of Sciences. En aquella época escribió a Tracy Sonneborn en la única referencia explícita (citada por Keller) que hizo acerca de los problemas de ser una mujer dentro del mundo de la ciencia:

> Creo que fue muy generoso y considerado de tu parte escribirme en relación con la National Academy. Debo admitir que me quedé petrificada. Los judíos, las mujeres y los negros estamos acostumbrados a la discriminación y por eso no solemos esperar demasiado. No me considero feminista, pero siempre me reconforta ver cómo se rompen las barreras ilógicas. [...] Nos ayuda a todos.

Seguro que McClintock sufrió todo tipo de prejuicios relacionados con las mujeres científicas, pero fue capaz de superarlos todos a base de ingenio personal y una fuerza interior asombrosa que pocos de nosotros poseemos. No servirá de ejemplar en este tema, como tampoco servirá para explicar el acontecimiento más destacado de su vida pública: el silencio sepulcral que acompañó su descubrimiento más importante de los elementos transportables.

El segundo aspecto, el del genio incomprendido, también contiene una verdad parcial que no es suficiente porque precisa una explicación a través de la recepción externa que va más allá de su control. Su transición de científica sin igual a paria tiene tanto que ver con su estilo personal como con la incapacidad de sus colegas de entender una nueva idea radical.

McClintock siempre trabajó para ella misma y a su manera, sin adaptar nunca sus esfuerzos para ganar aceptación, o para promover la comprensión entre los que necesitan más insistencia para poder apreciar una noción poco convencional. Perdió el único trabajo académico fijo que tuvo (en la Universidad de Misuri, donde las mujeres obtenían ascensos muy de vez en cuando) a causa de sus preferencias personales (su aversión por las clases formales y el desprecio por lo que los departamentos académicos llamaban «buena ciudadanía», eufemismo con que se denomina la miríada de horas dedicadas a tareas de comités). Algunas de las características idiosincrásicas que describe Keller son bastante moderadas, con lo que debemos aceptar su argumento de que la combinación de mujer y disidente la llevaron al despido. (Un día, por ejemplo, llegó al laboratorio sin llaves, de modo que escaló el muro del edificio y se coló por una ventana; y todo bajo la presencia insospechada de un fotógrafo. Pero ¿qué podía hacer? ¿Quién no intentaría hacer algo así en su situación? Yo lo haría, y lo he hecho.)

Nunca hizo todo lo posible para promover sus posibilidades en batallas declaradas en favor de la aceptación y comprensión de los elementos transportables. Planeó una campaña mucho más suave, escribiendo un artículo introductorio y presentando un seminario a personajes clave en Cold Spring Harbor. Pero cuando estas primeras incursiones toparon con una incomprensión general, plegó velas. Con su fortaleza y confianza habituales (aunque evidentemente decepcionada) e invocando su propia versión de la memorable respuesta de «me alegro por ellos», siguió su camino, sabiendo que estaba en lo cierto y que tarde o temprano el resto del mundo se daría cuenta. Publicó la mayoría de sus trabajos posteriores en los anuarios de su laboratorio, un sitio inhóspito para tramar una revolución científica. He leído sus obras y cabe decir que son, por decirlo con suavidad, penosamente difíciles. Una voz pasiva incesante, la compresión de experimentos y razonamientos complejos en tan solo un párrafo, son una maravilla dentro de su género, pero no se pueden considerar modelos de comunicación óptima.

Keller cree que hay un tercer razonamiento que eclipsa el género y la torpeza colegial como explicación principal de sus años de *vox clamantis in deserto*: su estilo científico poco convencional. Su peculiar inspiración trasciende la contención empírica y abraza un modo de razonamiento extraño a los procedimientos de la mayoría de las ciencias experimentales.

En primer lugar, McClintock no sigue el estilo de pensamiento lógico y secuencial que tan a menudo se ha considerado como la forma canónica de razonamiento científico. Trabaja según una visión global e intuitiva; si se atasca en un problema, no lo analiza según un orden riguroso, apunta las consecuencias deducidas y trabaja de nuevo en el tema; lo que decide hacer es dar un paseo, o se sienta en medio del bosque e intenta pensar en otra cosa, confiando en que la solución aparecerá *in extenso*. Este procedimiento despierta la sospecha de muchos científicos y ha llevado a muchos de sus compañeros a etiquetarla de «mística» en el sentido más despectivo del término.

Pero nada podría estar más lejos que la palabra «mística» para referirse a esa manera de razonar. Para alguna gente es un procedimiento común, pero es bastante raro (y no está muy bien visto) en el ámbito de la ciencia. Ni es mística ni femenina, en el sentido equívoco del uso vulgar del término, contrapuesto a masculino. Adoptamos un estilo misterioso porque no disponemos de las palabras adecuadas en nuestro lenguaje lineal para expresarnos de forma apropiada. Quizá soy muy sensible a la injuria porque mi manera de trabajar es parecida a la suya. Soy un desastre en secuenciación deductiva y nunca soy capaz de resolver la trama más simple de Agatha Christie o Sherlock Holmes (las dos mejores representaciones estereotípicas de este modo convencional). Nunca obtuve muy buenos resultados en los tests objetivos de inteligencia porque ponen énfasis en el razonamiento lógico y no captan el estilo de integración simultánea de muchas piezas en una sola estructura. Por supuesto la diferencia entre ella y yo es que ella es un genio que puede depender de la visión integradora para solucionar los problemas más importantes de la ciencia; yo en cambio solo puedo estar seguro de que el esquema «correcto» de un artículo me vendrá *in toto*.

Creo que la mejor descripción de este estilo no lo presentaron ni un psicólogo ni un neurólogo, sino otra escritora de libros de misterio, Dorothy Sayers, quien estoy seguro de que lo usaba personalmente y que creó a lord Peter Wimsey como antídoto consciente de la tradición de lógica deductiva de Sherlock Holmes. Wimsey no era un intelectual desaliñado ni un místico romántico atormentado, sino que más bien tenía un estilo impecable de clase alta. Pero resolvió sus casos a través de la visión integradora. En la primera novela de Wimsey, *Whose Body*, Sayers hace una descripción explícita del proceso:

> Y entonces ocurrió lo que, sin ser muy consciente de ello, llevaba tiempo esperando. Sucedió de repente, de forma certera, sin lugar a dudas, como un rayo de sol. No recordó una cosa tras otra a modo de sucesión lógica de acontecimientos, sino que lo recordó todo de repente, una entidad, perfecta, completa, en todas sus dimensiones como si fuera instantánea; como si estuviera fuera del mundo y lo viera suspendido en un espacio dimensional infinito. No tuvo siquiera que razonarlo, ni pensar en ello. Lo sabía.

En segundo lugar, McClintock practica un tipo de biología extraño a las normas de la biología molecular y la genética (y muchas veces denigrada por los líderes de las correspondientes profesiones, aunque ahora mucho menos que antes). Keller sabe captar muy bien su estilo y lo plasma en el título: «A Feeling for the Organism».

Las ciencias experimentales como la biología molecular suelen valerse del método reduccionista y tratan de establecer cadenas simples y lineales de causa-efecto. Prefieren las explicaciones que nacen del nivel más bajo de las moléculas y sus propiedades psicoquímicas. Para alcanzar el nivel «básico» recurren a los organismos más simples e intentan evitar la individualidad de cualquier criatura. En vez de eso, se concentran en las propiedades repetitivas de los grupos grandes (de manera que un clon de bacteria se convierte en el análogo de una población de átomos sin individualidad por definición).

Este estilo ha gozado de un éxito considerable en la historia de la biología, auque creo que ya ha alcanzado límites bien definidos al intentar comprender sistemas genéticos y sus interacciones complejas con la forma desarrollada de organismos. También hay que admitir que aunque McClintock descubrió los elementos transportables gracias a su manera poco ortodoxa de trabajar, el hallazgo que le proporcionó el reconocimiento del público vino de la biología molecular, trabajando con organismos unicelulares simples como objetos físicos.

El estilo de McClintock no es extraordinario; tan solo no se usa demasiado en el ámbito en el que trabaja. De hecho es el procedimiento de mi disciplina: la biología evolutiva y taxonómica. Como en la mayoría de disciplinas, y por las mismas malas razones, somos (y hemos sido desde Linneo) predominantemente hombres. Así que el pensamiento taxonómico tampoco se puede considerar un estilo femenino. Trabajamos directamente con organismos complejos y con su interacción entre ellos y con el medio durante el crecimiento y en la edad adulta. Aceptamos la individualidad de cada organismo como un hecho fundamentalmente irreducible, como la definición biológica de singularidad y complejidad. Esta individualidad es, por ejemplo, la fuente de la evolución darwiniana, ya que la selección natural no puede darse a menos que las poblaciones presenten un amplio espectro de variaciones entre los miembros que las constituyen.

McClintock elige un organismo que la mayoría de genetistas rechazarían por recalcitrante y desesperadamente complejo para descubrir algo fundamental acerca de los sistemas genéticos. Solo crece una generación de maíz al año y sus partes están sujetas a una serie desconcertante de modificaciones no codificadas que responden a los ambientes locales donde crecen. (Una bacteria puede dividirse en veinte minutos. Es fácil generar una población de miles de millones de miembros, sin una individualidad definible, dejando de lado nuevas mutaciones que puedan clonarse.) Pero McClintock siempre ha creído que los científicos deben seguir las peculiaridades de los individuos, y no las propiedades de la masa de millones. Es una verdadera bióloga taxonómica, una naturalista y no una mística, que trabaja en un campo poco familiarizado con este enfoque. Le comentó a Keller que uno debe entender:

> Cómo crece, entender sus partes, entender cuándo no va bien. [Un organismo] no es solo una pieza de plástico; es algo que se ve afectado constantemente por el entorno, y que muestra en todo momento virtudes y discapacidades en su crecimiento [...] No hay dos plantas exactamente iguales [...] Si empiezo a plantar ya no puedo dejarlo. No creo que conozca a fondo la historia si no observo las plantas en todo su recorrido. Así que conozco a todas las plantas en el terreno. Las conozco íntimamente, y eso me parece muy placentero.

La historia de McClintock y el triunfo de su estilo poco convencional encierran una lección muy satisfactoria. Decide trabajar como naturalista con un organismo complejo con el que la mayoría de colegas no se atreverían. Con el maíz puede estudiar los problemas básicos que las bacterias no ejemplifican del todo; la regulación genética del tiempo en el crecimiento y la morfogénesis, por ejemplo. Pero cuando formuló su gran descubrimiento de los elementos transportables, para su confirmación y generalización requirió los procedimientos de la genética molecular reduccionista. La biología es una unidad y no podremos resolver el dilema de Aristóteles de la morfogénesis, el origen y desarrollo de la forma orgánica, hasta que casemos los estilos dispares de la historia natural y el experimento reduccionista. Barbara McClintock, con su *feeling for the organism* y su misteriosa aptitud para realizar los experimentos más rigurosos y elegantes, apunta hacia la mejor manera de hacerlo más que ningún otro científico que yo conozca.

11

EL GENIO FRUSTRADO*

Como la mayoría de biólogos americanos, he pasado varios veranos trabajando en el Laboratorio Biológico Marino de Woods Hole, lugar al que tengo gran apego. Durante mi primer verano allí, solía deambular bien entrada la noche, o a primera hora de la mañana, porque la biblioteca no cierra y el entusiasmo que proporciona la investigación te lleva a confundir día y noche. Estudié las numerosas placas, medallas y fotografías que colgaban por aquí y por allá y estaban dedicadas a los grandes científicos que habían trabajado en Woods Hole. En la sala de lectura principal había una fotografía que me llamó especialmente la atención y que llevaba una etiqueta que rezaba ERNEST EVERETT JUST. El hombre de la foto era singularmente guapo, de mirada penetrante y triste, que me afectó durante medio siglo. Se diferenciaba de los demás en un aspecto que no debería importar pero que en Estados Unidos siempre importa: E. E. Just era negro. Empecé a fascinarme por ese hombre; leí todo lo que encontré de él y sobre él, descubrí lo interesantes y ambiguas que fueron su carrera y su vida, y desde entonces no dejé de preguntarme por qué nadie había escrito su biografía.

Me encanta poder anunciar que el historiador de la ciencia del MIT, Kenneth R. Manning, ha publicado una detalla-

* Reseña de *Black Apollo of Science: The Life of Ernest Everett Just*, de Kenneth R. Manning.

da biografía de Just, y que se trata de uno de los mejores relatos acerca de la vida de un científico que jamás haya leído. Manning ha decidido escribir toda una historia institucional de la ciencia. Escribe relativamente poco acerca de la investigación biológica de Just y aún menos acerca de las teorías biológicas de aquellos tiempos.[1] En vez de eso, se concentra en la relación de Just con las instituciones: la Universidad de Howard en la que enseñó, los laboratorios de Woods Hole y Europa donde trabajó y especialmente en las fundaciones en las que buscó sin cesar fondos para la investigación. Como los inconformistas y las situaciones excepcionales son los que revelan el verdadero carácter de las instituciones, la historia de Just, un drama humano fascinante, revela de manera incisiva la práctica de la ciencia y su estructura financiera en Estados Unidos a principios del siglo XX. También sirve como guía de las actitudes raciales de los científicos americanos, un grupo que se consideraba a sí mismo (y quizás era cierto) el más progresista dentro de un país lleno de prejuicios.

E. E. Just nació en Charleston (Carolina del Sur) en 1883. Su abuelo, un esclavo liberado a quien probablemente le hizo de padre su antiguo dueño, era un experto constructor de embarcaderos y dirigente de la comunidad negra de Charleston. Su padre fue un alcohólico que murió joven, y a Just lo crió su madre, una mujer fuerte y con la fuerza de voluntad de un compromiso religioso y educativo inquebrantable. Just fue enviado al norte a estudiar, algo muy poco común en esa época; primero fue a la Academia Kimball Union de Vermont, y de allí a Dartmouth, donde empezó a estudiar inglés y clásicas, para luego cambiarse a biología; finalmente se graduó como el único *magna cum laude* de 1907.

Hoy día todas las principales universidades de Estados Unidos le tirarían los tejos a un estudiante negro tan prometedor. Pero como nos cuenta Manning, para Just las posibilidades estaban mucho más limitadas: «Un negro educado tenía dos opciones (ambas limitadas): enseñar o predicar, pero además solo podía hacerlo entre negros». Así que Just se fue a Howard, y allí se quedó toda su vida, sin ningún tipo de movilidad institucional, a pesar de sus extraordinarias investigaciones y de sus abundantes publicaciones. Pese a su aplastante sentido de la responsabilidad administrativa y la enseñanza, Howard no tenía ningún tipo de programa de posgrado y era especialmente inadecuada para la investigación sobre embriología experimental a la que Just quería dedicarse. Así que Just se puso en contacto con Frank R. Lillie, jefe del Laboratorio Biológico Marino de Woods Hole, y obtuvo un puesto de ayudante durante el verano de 1909. En seguida ambos percibieron sus afinidades mutuas. Ambos eran de temperamento tranquilo y reservado, exigentes en cuanto a limpieza y de procedimiento cuidadoso en el laboratorio, y ambos estaban comprometidos con un enfoque antirreduccionista de los problemas embriológicos. Así que Just se pasó veinte veranos trabajando en Woods Hole con Lillie, y allí mismo escribió la mayor parte de sus ochenta ensayos científicos y dos libros.

Pero el racismo que normalmente se escondía bajo la superficie (pero que emergió un verano en el que Just se llevó a su esposa y a sus hijos, a quienes todo el mundo despreció por completo) y sobre todo el paternalismo aplastante que afloró hasta en los más allegados, incluso (y especialmente) en Lillie, llevaron a este hombre orgulloso a incurrir en la ira y la dispersión. Había vencido en los trámites de las subvenciones durante años, y con bastante éxito, si se tenían en cuenta los obstáculos obvios; incluso había conseguido obtener apoyo durante la Gran Depresión cuando la mayoría de los doctores estaban a pan y agua. Gracias a esto pudo visitar Europa y seguir investigando en laboratorios alemanes y estaciones marinas de Francia e Italia. Se le abrió todo un mundo nuevo.

Finalmente, en plena madurez se le había aceptado por la calidad de su trabajo; así que, un poco airado, rechazó Estados Unidos y abrazó una nueva vida en Europa.

Le cogió tanto apego a su visión romántica de la cultura europea que no comprendió, o quizá decidió hacer caso omiso, la realidad invasora del fascismo. Cuando los nazis invadieron Francia en 1940, él trabajaba en una estación marina. Amargado y confuso, decidió volver a Howard (¿adónde, si no?), y allí, solo un año después, murió de cáncer de páncreas, en octubre de 1941.

El trabajo biológico de Just se fundamenta enérgicamente en la gran tradición clásica de la embriología experimental que convirtió a Woods Hole en el centro de la biología estadounidense a principios del siglo XX. Sus experimentos destacaron por su diseño cuidado y meticuloso. Sus trabajos empíricos se centraron en los problemas de fertilización, terreno en el que realizó contribuciones notables (en su primer ensayo, por ejemplo, mostró que, al menos en algunos invertebrados marinos, el punto de entrada del espermatozoide determina el plano de la primera segmentación. También demostró que la superficie del óvulo es «equipotencial», es decir, que el espermatozoide tiene las mismas posibilidades de penetrar por cualquier punto. El plano de segmentación tiene que estar determinado exógenamente por el punto de fertilización y no por ningún acuerdo previo de materiales dentro del óvulo. Puede que este postulado no impresione a muchos lectores, incluso a los más versados en biología, pero el experimento de Just destacó en el gran debate de los círculos de embriología del momento: epigénesis frente a preformación, la reencarnación del tema más viejo en biología.)

A medida que progresaban sus investigaciones sobre fertilización, más se convencía de que la superficie de las células no podía considerarse un límite pasivo. La superficie, decía, es un determinante activo del proceso celular básico, dotado de un diseño y una química mucho más complejos de lo que normalmente se le puede atribuir a un simple límite. Esta conclusión le llevó a forjar su visión holística de la organización biológica, una postura sensible y poderosa a medio camino entre el vitalismo rotundo de algunos biólogos tradicionales de Europa (que creían en una «chispa especial» inherente a la vida) y el reduccionismo mecanicista de algunos «modernistas» entusiastas (quienes creían que la biología no era más que la mezcla de física y química y que se podía explicar en términos de constituyentes básicos, sin la necesidad de conceptos acerca de niveles más altos de organización). El trabajo de Just, especialmente después de su exilio europeo, se impregnó de un tono más filosófico que culminó en su libro de 1939, que lleva un título engañosamente vulgar: *The Biology of the Cell Surface*.

Este breve relato de las investigaciones de Just muestra los retos a los que se enfrentó, además de los científicos; tuvo que vivir en medio de una comunidad blanca que se consideraba racialmente superior. Como bien indica Manning, los biólogos liberales de su tiempo sí que estaban preparados para acoger a científicos negros que, como George Washington Carver, crearon una alianza con la doctrina de autoayuda lenta y humilde de Booker T. Washington y dedicaron su vida a ayudar a los granjeros negros en asuntos prácticos como encontrar nuevas explotaciones para los cacahuetes. Visto así, Just representaba más bien una amenaza poco habitual. Quiso llevar las investigaciones teóricas a los niveles más altos de abstracción y detalle y lo hizo muy bien. Fue un hombre orgulloso y culto a quien le gustaba el buen vino y la ropa elegante, las mujeres blancas, la ópera y los clásicos; aunque, como el hombre práctico que era, también supo cultivar la humildad e incluso arrastrarse cuando la situación lo requería, hasta que ya no podía soportar la farsa. «El público blanco —escribe Manning— se sentía más cómodo leyendo la historia de un científico negro vestido con harapos y haciendo trabajos manuales que la de un negro vestido con trajes elegantes y escribiendo potentes artículos para revistas científicas de calidad».

A lo largo de su carrera también fue un reto para las instituciones científicas en general y para las de financiación en particular. Just se autopromocionaba con entusiasmo y esfuerzo, lo que lo llevó a contactar con casi cualquiera que tuviera relación con la biología y la filantropía en América.

Las reacciones con las que se encontraba eran variopintas, como lo eran los hombres y las instituciones a los que se dirigió, pero lo más común era que acabasen en un intento frustrado por parte de Just: en los Estados Unidos de aquella época, nadie con poder lo hubiera tomado en serio, ni hubiera apostado por lo que él quería y supo hacer tan bien. Los liberales que lo apoyaron lo pintaban como «un modelo para su raza», un hombre capaz de abandonar sus investigaciones de manera desinteresada o voluntaria, para dedicarse a enseñar con humildad y agradecido las tareas prácticas de la medicina a los alumnos negros. Manning resalta esta inconsistencia o, más bien, hipocresía:

> Las fundaciones estaban muy predispuestas a sospechar que los negros eran elitistas, separatistas o desleales con su gente, pero este tipo de dudas no salían a colación cuando se trataba de apoyar a los blancos. Invariablemente, las preguntas más difíciles se dirigían a los negros, y solo se aceptaban respuestas correctas. La Fundación Rockefeller concedió grandes sumas de

> dinero a Raymond Pearl y nadie esperó que se solidarizara con los pobres blancos de los Apalaches. Rosenwald apoyó el trabajo del filósofo Morris Cohen, sin indagar sobre su lealtad étnica ni pedirle que se solidarizara con los judíos desafortunados que vivían en los guetos del East Side. [Rosenwald, sin embargo, también patrocinó a Just y esta vez sí que le interrogó y exigió pruebas sobre su lealtad étnica.]

No podemos hacernos ni una pequeña idea de lo que Just tenía que soportar y de la frustración que al final lo llevó a autoexiliarse en Europa, teniendo en cuenta su relación con tres personas clave de su vida (y que Manning documenta): los científicos Jacques Loeb y F. R. Lillie, y Abraham Flexner, cabecilla de la filantropía médica y de la reforma.

Loeb tenía que haber sido (de hecho durante un tiempo lo fue) el mayor protector de Just. Este gran biólogo europeo, que luego emigró a América, fue activo y resuelto tanto en su trabajo como en política, así que, desde su visión igualitaria, Just era el mejor modelo de biólogo que había en Estados Unidos. Se conocieron en 1912 y, desde el primer momento, el poderoso Loeb le brindó su entusiasta apoyo. Calificando a Just de «hombre verdaderamente superior» consiguió, gracias a sus negocios con Flexner (entre otros), una cuantiosa financiación para las investigaciones de Just, pero también para el programa médico de Howard. Loeb también participaba de manera activa en la NAACP y se aseguró de que Just, para sorpresa generalizada, ya que había otros negros mucho más conocidos que él, recibiera la primera medalla Spingarn en 1915, que sigue siendo el mayor honor que concede la institución.

Pero en 1923 Loeb se puso totalmente en su contra y frustró la única posibilidad que Just tuvo de asegurarse un puesto de investigación avanzada en una institución de blancos: el Instituto Rockefeller de Nueva York. Cuando se le preguntó acerca de su opinión sobre el científico, Loeb dijo que, aunque durante un tiempo intentó «ayudarlo y animarlo», Just, concluyó, «tiene una inteligencia limitada, es ignorante e incompetente y engreído; y de hecho sus investigaciones no solo son malas, sino que son un tostón». Loeb sugirió que diera clases de ciencias en algún instituto de secundaria. Manning comenta:

> Si en algún momento Just había tenido alguna posibilidad real de entrar en el Rockefeller, Loeb la aplastó totalmente. Un empleo así hubiera sido todo un acontecimiento simbólico para la raza negra. Otra carta habría podido cambiar el curso de la carrera de Just, y sin duda también habría afectado al papel de los negros en el ámbito de la ciencia estadounidense en general.

Este tipo de caprichos son los que hacen historia y su fascinación convierte la ciencia en un «y si...».

¿Qué pasó entre 1915 y 1923? Podemos caer en la tentación de acusar a Loeb de hipócrita o de inconsecuente, pero la única acusación adecuada es la de miopía. Conozco muy bien a los tipos como Loeb porque he visto muchas veces a hombres como él a lo largo de mi carrera de científico. Lo único que pasó es que Loeb era el gran reduccionista de la embriología y la fisiología estadounidenses, y Just, con el desarrollo de su visión holística de la organización biológica, acabó oponiéndose al trabajo de Loeb. Incluso se atrevió a enfrentarse a él con contraejemplos mordaces y convincentes en encuentros científicos públicos. Dejémonos de principios elevados o compromisos políticos: el hombre que se atreva a atacar mis investigaciones es mi anatema. Conozco muy bien a ese tipo de hombres.

Abraham Flexner fue el gurú de la educación médica de Estados Unidos durante todos los años en que Just buscó financiación para sus trabajos y para la investigación en biología de Howard. En 1910 Flexner escribió el famoso informe que cambió la suerte de la educación médica de América; poco después se convirtió en el primer director del Institute for Advanced Study de Princeton, donde fue responsable en parte de llevar a Einstein a Estados Unidos. Era un hombre ubicuo; parecía dirigir o mandar, por el mero hecho de pertenecer al consejo de administración, en todas y cada una de las fundaciones o asociaciones filantrópicas susceptibles de dar dinero a un biólogo estadounidense negro. El paternalismo aplastante que adoptó hacia los negros pronto le hizo oponerse a un hombre del temperamento de Just y se encargó en persona de bloquear el apoyo a Just una y otra vez por miedo a que el éxito inicial de Just lo alentara a alejarse de la sumisión servicial de los negros. Puede que vayamos «demasiado rápido —le advirtió Flexner—; es un poco más peligroso echar a perder a un trabajador de color excepcional que [...] a un trabajador excepcional blanco».

La historia de la relación entre Just y F. R. Lillie es la más triste y reveladora de todas, puesto que si alguna vez Just tuvo un verdadero amigo entre los poderosos científicos y filántropos blancos de Estados Unidos, ese fue Lillie. Estuvo a su lado toda su vida, defendiéndolo ante tribunales de financiación y consejos de investigación. Incluso después del dramático incidente que precipitó la marcha definitiva de Just del Woods Hole, cuando el 27 de junio de 1930, en la celebración del sexagésimo cumpleaños de Lillie y de su larga tarea de dirección del laboratorio, Just pronunció un discurso acerca de su investigación, luego bajó del podio y, todavía bajo el efecto eufórico de los seis meses que pasó en Europa para alejarse de los problemas con los que se encontró en Woods Hole, anunció de manera extemporánea: «He recibido mucha más fraternidad y apoyo en un año en el

Kaiser-Wilhelm-Institut que en todos los años que he pasado en Woods Hole juntos». Al día siguiente, Just dejó el Woods Hole sin decir adiós a nadie, y no volvió nunca. No obstante, Lillie siguió siéndole fiel y se esforzó para repatriarlo después de que los nazis invadieran Francia.

Aun así, Lillie conservó su actitud paternalista y nunca entendió, hasta que fue demasiado tarde, la pasión y la necesidad de investigar de Just (¿cómo es posible que un científico, inevitablemente infectado por este virus como lo estamos los científicos actuales y como tenía que estarlo también Lillie, no fuera capaz de entenderlo?). Le instaba continuamente a prestar más atención a la enseñanza en Howard y no volcarse tanto en la investigación en Woods Hole. Lillie era el hombre que podría haber resuelto todos sus problemas institucionales de un solo golpe creando un puesto permanente de asistente de director para él en Woods Hole. Y de hecho pensó en ello muy en serio, pero como hombre cauto y conservador que era, al final decidió que un científico negro no podía ser del todo aceptable, y que de todos modos era mejor que Just se dedicara a «servir a su gente» en Howard.

A pesar de todo, a finales de la década de 1930 y quizás a causa del dramático incidente de 1930, Lillie por fin le entendió, aunque quizá fue demasiado tarde, psicológicamente hablando, para Just. En 1938, en respuesta a uno de los últimos intentos que hizo Just para recaudar fondos, Lillie escribió a su favor:

> Just tiene cualidades de genio; nada lo aleja de sus propósitos. He intentado que se conforme con las condiciones que le imponen su raza y la naturaleza de la vida universitaria en Estados Unidos una y otra vez. Y ahora me doy cuenta de que tales intentos fueron imprudentes; de todas formas fueron fútiles.

Y en el obituario de Just, escribió:

> Un elemento de tragedia recorre toda la carrera científica de Just a causa de las limitaciones que impone ser negro en Estados Unidos, a las que no era psicológicamente capaz de adaptarse durante períodos largos, a pesar de los grandes esfuerzos que hacía. Las numerosas becas de investigación que obtuvo no compensan el no haber recibido ni una sola citación de alguna de las grandes universidades o institutos de investigación. Él siempre lo vivió como un estigma social y, en consecuencia, una injusticia para un científico de su reconocida reputación. En Europa lo recibieron con una amabilidad universal e hicieron que se sintiera como en casa en todos los sentidos; no experimentó ninguna clase de discriminación social a causa de su raza y eso le ayudó a ser más feliz allí. A consecuencia de esto, o al menos en parte, muchas veces prolongó su exilio autoimpuesto. El que un hombre con sus cualidades, devoción científica y lealtad personal haya sido intimidado de tal forma por la tierra en la que nació debería caer sobre nuestras conciencias como un motivo de remordimiento.

Just fue zarandeado toda su vida, a veces sin ni siquiera saberlo, por gente como Loeb, Flexner y Lillie. A pesar de todo, como Manning apunta de manera acertada, debemos evitar la tentación de leer la biografía de Just como una obra moral con Just como héroe ejemplar, sufridor e inocente aplastado por unas fuerzas más allá de su control. Muchos de los temas tratados son importantes, especialmente el racismo paternalista que lo impregna todo y que Just no podía esperar superar en Estados Unidos. Pero Just también fue un hombre ambiguo y contradictorio y tampoco derrochaba simpatía. Fue un hombre de actitud y temperamento conservadores y nunca entendió la política racial (en su primer ensayo escolar publicado ensalzaba los beneficios del monopolio en la vida económica estadounidense). Así pues, tampoco buscó la acción solidaria con otros negros estadounidenses; siempre se limitó a luchar para conseguir apoyo exclusivamente para su investigación. Cuando se le bloqueaba o se le trataba injustamente, muchas veces optaba por arremeter con una rabia autodestructiva, como hizo en Woods Hole en 1930, sin que pareciera entender su situación general.

Demostró tener una ingenuidad casi increíble, cegado sin duda por la comprensible alegría que sintió por su nueva vida en Europa central, mientras en Italia y Alemania ascendía el fascismo. Buscó y se ganó la amistad del antiguo príncipe de la casa de Hohenzollern, el hijo del káiser Guillermo II, y participó en dos encuentros monárquicos en su casa, uno de ellos con fuertes connotaciones nazis. Se presentó ante el mismo Mussolini para pedirle fondos, y alabó al *Duce* en un tono servil y embarazoso. Dio muestras de algo más que un desliz antisemita, especialmente cuando buscaba fondos en fuentes de reconocida antipatía hacia los judíos.

Sin embargo, esta complejidad hace que la historia de Just sea todavía más interesante e instructiva. A nosotros, los liberales modernos, bañados quizá por nuestra propia hipocresía, puede que nos caiga más simpático un luchador como Jackie Robinson que un hombre como Roy Campanella, que solo quería jugar al béisbol lo mejor que podía y estaba dispuesto a sufrir las vilezas del racismo en silencio; así también preferiríamos a un King que a un Just. Pero ¿no tenía Campanella el mismo derecho que Robinson a entrar en los Dodgers y a obtener un nicho en el Salón de la Fama? Era tan buen jugador como Robinson y en un mundo verdaderamente justo esto es lo único que debería contar.

Just también tenía todo el derecho a conseguir triunfar por su virtud y su genio, fueran cuales fueran sus ideales políticos. Los últimos cincuenta años del movimiento por los derechos civiles encarnan una curiosa ironía: muy poca gente como Just, negros relativamente ricos y bien educados, ha alcanzado un mundo de oportunidades. Un alumno negro que salga de la Universidad de Dartmouth se puede permitir poner sus propias condiciones; Just estuvo acorralado desde el principio. No parecía preocuparse mucho por la situación difícil que sufrían los negros pobres, un grupo que ha conseguido muy poco con nuestra lucha contemporánea. Y aun así es el tipo de hombre que le hubiera sacado provecho. La triste historia de Just subraya la cuestión más importante de todas: ¿cómo podemos asegurarnos de que el progreso beneficie a todo el mundo?

12

EXULTACIÓN Y EXPLICACIÓN*

En su artículo más famoso, G. E. Hutchinson, sin duda el mayor ecologista vivo del mundo, insiste en el asunto fundamental de su ciencia citando una anécdota de J. B. S. Haldane. El gran biólogo británico «se encontraba con un grupo de teólogos. Cuando le preguntaron qué se puede concluir de la naturaleza del creador a partir del examen de su creación, se dice que Haldane respondió "un cariño desmesurado hacia los escarabajos"».[1]

Desde que Linneo instauró en 1758 el sistema moderno de taxonomía, más de un millón de especies de plantas y animales han recibido binomios latinos. Más del 80 % de estos nombres pertenecen a animales; de los animales, aproximadamente el 75 % son insectos; de los insectos más o menos el 60 % son escarabajos. No deja de sorprenderme que una sola forma de arquitectura orgánica pueda engendrar tanta diversidad. Desde la diminuta *Trichopterygidae*, de menos de 0,02 centímetros de largo, hasta el *Micromalthus*, especie compuesta únicamente de hembras que se reproducen como larvas en la madera podrida, al *Goliath*, un escarabajo que pesa casi cien gramos, o la larguísima *Batocera* de Nueva Guinea, de casi treinta centímetros, los escarabajos son la máxima ex-

* Reseña de *The Kindly Fruits of the Earth: Recollections of an Embryo Ecologist* y *An Introduction to Population Ecology*, de G. Evelyn Hutchinson.

presión del tema principal de la naturaleza: la múltiple diversidad. La ciencia de la ecología sondea esta riqueza para encontrar la regularidad. Como preguntaba Hutchinson en el subtítulo del artículo bendecido con la anécdota de Haldane: «¿Por qué hay tantos tipos de animales?».

Los ecologistas deben lidiar con la tensión entre dos aproximaciones distintas a la diversidad de la vida. Por un lado, están tentados de deleitarse ante la irreductibilidad y la gloria de todo: gozar y registrar. Pero por otro lado reconocen que la ciencia es la búsqueda de patrones que se repiten. ¿Por qué hay más especies en los trópicos que en las zonas templadas? ¿Por qué hay muchos más animales pequeños que grandes? ¿Por qué las cadenas alimenticias suelen ser más largas en el mar que en la tierra? ¿Por qué las dorsales marinas comprenden tanta diversidad, mientras que en las orillas del mar no hay casi especies? Como ciencia explicativa, la ecología se rige por ecuaciones diferenciales, estadísticas complejas, modelos matemáticos y simulaciones por ordenador. Hace años que no veo la foto de un animal en la revista de ecología evolutiva más importante que existe.

Muchos ecologistas han esquivado esta tensión para centrar sus trabajos en un solo enfoque (exultación o explicación), y tratando la otra actitud con sospecha y derogación. Hutchinson ha practicado y amado ambas tendencias durante toda su vida. Tuvo todas las ventajas de un inglés de clase alta con formación intelectual. *The Kindly Fruits of the Earth* es un relato autobiográfico de su vida desde la infancia hasta llegar a Yale en la década de 1920 que se lee como un auténtico idilio. Más de la mitad del libro repasa su educación en las escuelas públicas de Inglaterra, hasta el Emmanuel College de Cambridge (su padre fue mineralogista y catedrático en el Pembroke College). En los últimos tres capítulos cuenta los inicios de su vida profesional, sus experiencias en Italia y Sudáfrica. Parece ser que Hutchinson disfrutó de todo: desde estudiar botánica en los bosques hasta tomar el té entre nobles.

Quizás haya que ser más dispéptico o analítico que él para expresar lo que representa disfrutar de este tipo de ventajas a los que no las experimentamos de jóvenes. Además, como Hutchinson es legendario tanto por su amabilidad como por su mente brillante, estas memorias solo recogen las buenas acciones de gente muerta, siguiendo al pie de la letra el viejo dicho de *mortuis nihil nisi bonum* (limítate a decir las cosas buenas de los muertos), ¡decide no decir absolutamente nada de los vivos! (de ahí que el libro excluya la segunda mitad de siglo de la vida de Hutchinson, período en el que conquistó sus mayores éxitos). Este estilo benévolo puede que no gane muchos lectores más allá de un importante grupo de profesionales que lo admiran y a quienes les gustaría saber más cosas acerca de los científicos ilustres con los que se codeaba; pero me alegra descubrir que aún existe la decencia.

Durante sus primeros años en Yale, empezó trabajando en bioquímica.[2] Cuando empezó a estudiar ecología, esta era un campo dedicado al registro empírico. Se vanagloriaba de la organización de algunos conceptos después de la «teoría de la sucesión» (una idea un tanto mística que trataba las comunidades de especies como «superorganismos» y que intentaba identificar una progresión ordenada de comunidades dentro de una historia de colonizaciones en una región geográfica concreta). Los fundamentos de la ecología de la población moderna fueron establecidos por matemáticos como A. J. Lotka, V. Volterra y G. F. Gause, a partir de ecuaciones de demografía y crecimiento de la población; pero la mayoría de ecologistas o bien no conocían este trabajo o bien ponían en tela de juicio su importancia real dentro del estudio de campo.

Hutchinson desempeñó un papel importante al fomentar

las dos direcciones principales de la ecología teórica moderna. El enfoque, la producción y los sistemas ecológicos ponen el acento en el flujo de energía que hay entre los componentes de un ecosistema; por ejemplo, la eficiencia de la «conversión» entre los diferentes niveles de la cadena alimenticia, cuántas calorías de plantas verdes se necesitan para mantener a los herbívoros que habitan la tierra, cuántos herbívoros muertos mantienen a la población carnívora, etc. Raymond Lindeman, el Pergolesi de la ecología, redactó el documento fundacional de esta disciplina, pero murió en 1942, con veintiséis años, cuando todavía se estaba imprimiendo.[3] Desarrolló muchas de sus ideas como estudiante de posdoctorado junto a Hutchinson, quien intercedió a su favor para que se pensaran mejor la oferta de un puesto en la revista *Ecology* que le habían denegado. Hutchinson escribió una carta privada al director de la revista[4] que sigue siendo una defensa emotiva del trabajo teórico como guía para la investigación empírica. Termina con la defensa que hace sir Thomas Browne del error fructífero de «que la aritmética de los últimos días determine la certeza de este documento».

Hutchinson desempeñó un papel todavía más importante en el segundo enfoque: la ecología de la población. Esta disciplina empieza con el postulado central de Darwin según el cual el mayor principio que manifiesta la naturaleza es la lucha de los organismos individuales para maximizar su propio éxito reproductivo. Las nociones de comunidad y armonía natural, aunque reveladoras como metáforas, no reflejan la unidad básica evolutiva de la naturaleza, la población de individuos dentro de las especies. La ecología moderna empieza con ecuaciones de crecimiento de población e incluye diferentes tasas de fertilidad y mortalidad. Intenta construir una teoría que explique el tamaño de las poblaciones, sus tasas de cambio y la coexistencia de más de una población en una misma área a través de la competencia. *An Introduction to*

Population Ecology presenta el estudio reciente de Hutchinson en esta subdisciplina central de la teoría evolutiva moderna. Se trata de un manual antes de cuyo abordaje tal vez los lectores profanos (o incluso algún profesional) tengan que revisar sus nociones de álgebra. Pero, a diferencia de la mayoría de libros de este género, es accesible, inteligente y puede ser una lectura literaria placentera. En pocas palabras, la ecología ha sufrido una degradación importante a causa del reciente uso político que se ha hecho de ella, que mucha gente emplea para identificar cualquier cosa buena que pase lejos de las ciudades y sin la interferencia humana. Pero entre profesionales, la ecología es la ciencia que intenta comprender por qué hay tantos tipos de organismos y por qué algunos hábitats y algunas partes del mundo albergan más diversidad que otros. En otras palabras, intenta explicar la estructura espacial y temporal de la diversidad orgánica. Su concepto fundamental es el de «nicho», que expresa localización y función de una especie en un hábitat.

Hutchinson hizo su mayor contribución a la ecología teórica cuando estableció un concepto de nicho cuantificable y factible.[5] Antes que él, los ecologistas se planteaban si un nicho representaba la dirección de un organismo o su profesión, es decir, si los nichos eran espacios ambientales que existen tanto si los organismos viven en ellos como si no, o se crean por una gama de actividades (alimentación, anidación) que llevan a cabo las diferentes especies de forma particular y única. Si los nichos son direcciones, el problema de la diversidad orgánica puede reducirse al estudio de los hábitats físicos y su cambio en el espacio y el tiempo. Si son profesiones, la diversidad se establecerá en gran parte según los tipos de organismos que se han establecido en el área. Entonces debemos preguntarnos si es posible una subdivisión casi infinita de nichos y si la noción de límite impuesto a la diversidad tiene sentido.

No es muy sorprendente que la definición de Hutchinson incorporara aspectos fructíferos de ambas visiones: los organismos crean efectivamente un ecoespacio mediante sus actividades, pero la naturaleza física del espacio y los recursos demarcan importantes límites. Midió el nicho de una especie definiendo los componentes clasificados en el ambiente que tenían que ser relevantes para la supervivencia: la temperatura, el tamaño de las partículas de la comida, o por ejemplo, en el caso de los pájaros, la altura de los nidos en los árboles. Acto seguido representó estos componentes ambientales formando ejes matemáticos en ángulo recto (los ejes ortogonales son matemáticamente independientes y, aunque nos perdamos el placer de la visualización, un eje puede formar un ángulo recto con otros tantas veces como se quiera, y en el espacio apropiado puede tener más de tres dimensiones). Por cada eje podemos trazar la gama total que usa cada especie; el volumen de espacio definido por la intersección de las gamas con cada eje es el nicho. A menudo la cuantificación es la clave del éxito en ciencia y por esto este concepto de nicho como segmento de recursos definible se ha convertido en la base para los estudios de la diversidad y sus límites.

Después de desarrollar esta definición, Hutchinson se dio cuenta[6] de que las especies emparentadas que habitaban en la misma zona a menudo se espaciaban con regularidad a lo largo de los ejes de recursos individuales. Esto le llevó a lo que para mí es el concepto más importante y llamativo en nuestro intento de comprender la estructura de la diversidad: la similitud límite. ¿Existe una similitud máxima (o un solapamiento de nicho) más allá de la cual dos especies emparentadas no pueden coexistir en la misma zona? Si se puede definir la similitud límite, obtendremos una teoría de diversidad orgánica máxima. Los ecologistas todavía no han desarrollado una teoría general de la similitud límite; en su ausencia podemos investigar empíricamente las regularidades que existen en especies similares que comparten el espacio y que se alimentan en el mismo nivel de la red alimenticia. De nuevo Hutchinson fue pionero: se dio cuenta de que las especies relacionadas muchas veces diferían en una proporción de longitud de aproximadamente 1,28, es decir, la especie más grande es 1,28 veces más larga que la más pequeña en dimensiones críticas relacionadas con la alimentación. Esta misma proporción de longitud se corresponde casi exactamente con la duplicación del peso (la longitud varía en la misma proporción que la raíz cúbica del peso, y la raíz cúbica de dos, correspondiente a la duplicación del peso, es 1,26).

Quizá Hutchinson haya descubierto algún aspecto fundamental relativo a la estructura de similitud en sistemas generales. Los ecologistas de Princeton Henry Horn y Robert May han proporcionado un repertorio con más casos biológicos en los que se da la proporción de 1,26 en sistemas biológicos.[7] Pero también observaron que las proporciones de la longitud que siguen las orquestas y los conjuntos de instrumentos musicales similares, pensados para tocar juntos, tendían a obedecer la regla: la secuencia de flautas con aeroducto, sopranino, discante, tiple, tenor, bajo y barítono siguen la serie 1,2, 1,5, 1,3, 1,6 y 1,4. Los cuatro instrumentos de cuerda de una orquesta moderna ascienden mucho más (1,8 para el violonchelo con respecto a la viola, y 1,7 el del contrabajo con respecto al violonchelo). Pero estos instrumentos no se diseñaron para tocarlos juntos. Carleen Hutchins ha construido una nueva «familia de violines» formada por «instrumentos de cuerda emparejados acústicamente» en analogía con las antiguas orquestras y pensada como conjunto. Los ocho instrumentos tienen una proporción sucesiva de 1,2, 1,2, 1,3, 1,3, 1,3 y 1,3. Horn y May también midieron una secuencia de 1,3, 1,2, 1,3 y 1,2 en la secuencia de ruedas de triciclos y bicicletas, y 1,2, 1,2, 1,2 y 1,3 para las sartenes de hierro de un mismo fabricante. Quién sabe qué significa todo esto, pero no creo que sea accidental. Horn y May llegan a la conclusión de que la regla de Hutchison «podría derivar de las reglas generales que rigen las agrupaciones de instrumentos, en vez de algún tipo de peculiaridad biológica».

El debate teórico solo representa uno de los puntos de vista de Hutchinson. Sirve para entender por qué es un gran científico, pero no capta el carácter especial que lo convertía también en un gran hombre, objeto de una actitud que encontramos pocas veces entre científicos: la reverencia. La pura diversidad de todo conocimiento le inspira tanta exaltación como las ansias de encontrar una explicación a los patrones de la naturaleza. Es un auténtico erudito. Aprecia cada detalle de cada diferencia sutil entre objetos y abre los brazos a más disciplinas de las que se enseñan en las universidades. Para entenderlo en términos de biología, sus temas favoritos son la diversidad y la ornamentación (o sea, identificar lo grande y general en lo pequeño y detallado). Escribió un libro entero que trataba sobre el ornamento en la cultura tibetana.[8] Durante más de diez años escribió una columna en la *American Scientist* titulada «Marginalia», un extenso y delicioso conjunto de notas marginales en prosa y viajes en general por las peripecias de la biología y de la vida humana. Ahora trabaja literalmente en las *marginalias*: las iluminaciones de plantas y animales que adornan tantos manuscritos medievales.

Ambos libros están impregnados por su amor al detalle. El manual de ecología de la población está adornado con notas históricas y vagabundeos tangenciales de etimología y minucias de historia natural. Algunas páginas alcanzan el nivel ideal de erudición: ¡todo pie de página sin texto alguno! Hacen del libro una rareza entre el género y lo convierten en delicioso, en vez de lectura obligada.

En su autobiografía no pone tanto énfasis en el detalle

minucioso, pues esta vez no se trata de hacer comentarios sino de exponer contenidos. Parece que Hutchinson vea en igualdad de condiciones, en interés e impacto, todo tipo de conocimiento, cuando el resto de mortales tendemos a ser un poco más selectivos. Incluso yo, un neoyorquino que nunca se pierde el festival de San Genaro y que tiene casi un máster en el juego de la rana, desfallezco después de diez páginas de consideraciones sobre la licuefacción de la sangre de san Genaro en Nápoles. Y por mucho que me encanten los onicóforos, el curioso grupo de intermediarios potenciales entre gusanos e insectos, desearía que el fragmento (que ocupa unas cuantas páginas) donde expone su taxonomía detallada fuera más corto; y el párrafo sobre las relaciones raciales en Sudáfrica fuera más largo. Aun así, están más que compensados por las revelaciones libremente esparcidas a lo largo del libro.

Muchos científicos ven la cara discursiva de Hutchinson como marginal con respecto a sus logros «reales» al construir teorías y explicaciones. La descripción que Henry Ford hizo de la historia como una patraña es válida también para muchos profesionales que tienen la falsa idea de que la ciencia progresa con la acumulación de información objetiva y tratando los datos con un artefacto atemporal llamado método científico. Seguramente verían encomiable la notable investigación de Hutchinson, pero irrelevante en lo relativo a su actividad profesional.

Esta actitud compromete a la ciencia a la vez que su filisteísmo desalentador desprecia los ideales del saber. Un experimentalista que utilice maquinaria tecnológica bajo estricto protocolo, puede que desconozca la historia e implicaciones del campo en el que trabaja. Los que trabajan directamente con la compleja variedad de la naturaleza no pueden permitirse ser tan estrechos de miras. Estamos ligados a unos hábitos históricos de pensamiento (las doctrinas de progreso, el cambio gradual, o la causalidad lineal) y unos métodos de procedimiento (reducción en partes como método de explicación en vez del estudio directo de la interacción). Cuando no somos capaces de reconocer que estos hábitos no salen de las certezas de la naturaleza sino que son fruto de la inercia, nos estamos cerrando las puertas. Los científicos que ignoran la historia no están tan condenados a repetirla como a equivocarse y a ser poco emprendedores. Por eso la combinación de explicación y exultación en el trabajo de Hutchinson lo enriquecen sobremanera.

En la coda del manual analiza el solitario, un pájaro que se extinguió con la llegada de los europeos a la isla de Rodríguez, en el océano Índico. Según un cronista de principios del siglo XVIII, los solitarios se apareaban de por vida y ocupaban un territorio de un radio de unos doscientos metros. Cada pareja incubaba un único huevo y criaba al vástago desamparado durante varios meses después de que eclosionara. Hutchinson continúa:

> Y aquí viene la parte extraordinaria de la historia. Leguat [el cronista] dice que cuando el pollito abandonaba el nido durante más de dos días, una compañía de treinta o cuarenta adultos traía otra cría y se llevaban a los dos jóvenes (escoltados por los adultos) a otro territorio desocupado. Este ritual extraordinario es la llamada «boda del solitario». Leguat parece muy fiable en lo concerniente a la biología de los pájaros; así que es difícil dudar de que realmente se llevaran a cabo estos matrimonios, que por otra parte, tenían que ser de lo más conspicuos.

Pero ¿debemos lamentarnos de la extinción del solitario porque su comportamiento excepcional podría habernos aportado una nueva perspectiva acerca de las estrategias de adaptación en el comportamiento sexual? ¿O afligirnos por haber perdido la oportunidad de ver algo tan fascinante y distinto? Lo mejor sería apreciar con la misma tenacidad la fascinación y la explicación, aunque a título personal cambiaría un buen puñado de generalidades para poder presenciar un espectáculo así.

13

LLAMANDO AL DOCTOR THOMAS*

La autobiografía de Lewis Thomas es un libro engañoso en muchos sentidos. Dividido en dos partes, se lee como un sueño lleno de una nostalgia acogedora que celebra una vida bien vivida. La primera parte describe la carrera como médico clínico que ejerció su padre en Flushing, en la ciudad de Nueva York. Yo solía ir por la zona de pequeño y la recuerdo como una zona muy urbanizada en la década de 1940, mientras que durante la juventud de Thomas era casi una zona rural: habla de carruajes, visitas a domicilio, preocupaciones interminables y pocas compensaciones financieras. La segunda parte trata sobre la carrera adulta de Thomas como doctor y administrador médico. Transmite una sensación abrumadora de lo divertida que puede llegar a ser la investigación e incluso consigue dar la sensación de que la administración puede llegar a ser más divertida y gratificante que frustrante (cosa que me parece difícil de creer).

A pesar de su contenido manifiesto, *La ciencia más joven* es, en muchos sentidos, un libro inquietante y profundo. Las dos partes tratan fundamentalmente de los cambios necesarios, y en cierta manera deseables, para el progreso de la tecnología; es decir, sacrificar el espíritu humano en favor de la eficiencia. El doctor Thomas padre y su vieja medicina no podían hacer mucho para curar enfermedades, pero muchas

* Reseña de *La ciencia más joven*, de Lewis Thomas.

veces sus ministraciones eran efectivas porque el interés personal y su infinita atención inspiraban confianza. En la segunda parte describe cómo su propia investigación era más efectiva y especialmente agradable; al ser a pequeña escala, y teniendo en cuenta los pocos recursos de que disponía como profesor investigador, tenía que gorronear los equipos y hacer los procedimientos rutinarios él solo, y eso le garantizaba un acercamiento muy provechoso (ético y de hecho) al detalle. Los jefes de laboratorio modernos, en cambio, dirigen imperios y puede que nunca se sienten en una mesa de trabajo. Se puede realizar muchísimo más trabajo en un espacio determinado de tiempo, pero los profesores investigadores llegan a perder tanto el contacto con los procedimientos del día a día de sus laboratorios, que los datos fraudulentos de un Darsee pueden pasar desapercibidos durante años.

Thomas es capaz de insinuar los temas más serios bajo la apariencia de una narrativa agradable y escurridiza porque ha estado perfeccionando su técnica durante años con ensayos como *The Lives of a Cell* y *The Medusa and the Snail*, que lo han convertido en un hombre popular. Sus ensayos no tienen parangón porque tiene un don especial: empieza con un hecho simple, con su destreza de yanqui lo lleva al terreno familiar y lo desarrolla astutamente hasta que, sin que te des cuenta, lleva a la superficie alguna verdad profunda. A estas alturas ya domina tanto la técnica que es capaz de desarrollar la estrategia en lo que ocupa todo un libro.

La primera parte del libro me cautivó porque albergo en mi memoria el recuerdo de las últimas visitas a domicilio en mi propia versión de Flushing. (Recuerdo especialmente el día que vino a casa el doctor Schildkraut para tratar mi gripe, y cómo interrumpió mi fascinación porque acababan de anunciar la muerte del rey Jorge VI por la radio.)

El doctor Thomas padre empezó con una bicicleta, luego se graduó con carro y caballo y finalmente, un año antes de que naciera Lewis, tuvo su primer automóvil. No tuvo nunca ni enfermera ni secretaria, así que cumplía el horario de oficina en su casa de una a dos del mediodía y de siete a ocho de la tarde y visitaba una media de diez pacientes por hora. Se pasaba el resto de la jornada en la carretera; a primera hora de la mañana hacía la ronda en el hospital local, y después la ronda de visitas a los pacientes. Por la noche, después de pasar un rato con su familia y cuando estaban todos acostados, hacía las cuentas y revisaba los pagos (muchas veces retrasados) de sus clientes. Durante esta rutina normalmente lo interrumpían un mínimo de una, pero muchas veces tres o cuatro llamadas de emergencia que requerían más visitas a domicilio. Lewis Thomas recuerda cómo su padre solía dejar escapar un «maldición», o incluso un «¡maldita sea!» cuando se enfadaba de verdad. Aun así, siempre hacía las visitas.

A pesar de tantos esfuerzos, la compensación monetaria era modesta. El mejor amigo de Thomas en Harvard publicó el libro de la promoción de 1937 y remitió un cuestionario a los licenciados en medicina de las promociones de 1927, 1917 y 1907. El salario medio de los que se habían graduado hacía diez años era de 3.500 dólares, el de los que llevaban veinte ascendía a 7.500 dólares. «Se dio el caso de un urólogo que ganaba 50.000 dólares, pero era un caso aislado; el resto ganaban una suma respetable pero modesta para la época». Siempre se decía que era una «profesión honorable», pero los horarios eran duros, la remuneración, modesta, y la eficacia, limitada.

La eficacia limitada es precisamente el factor que más ha cambiado desde entonces, y es el tópico que inspira el título de su libro *La ciencia más joven*. Con la introducción de las sulfamidas a finales de la década de 1930, y de la penicilina y otros antibióticos pocos años después, los médicos aprendieron a tratar y curar muchas enfermedades.

El viejo doctor Thomas, en cambio, no podía hacer mucho por sus pacientes, a pesar de las horas y el esfuerzo que les dedicaba. Lewis describe las conversaciones que tenía con su padre durante la infancia, cuando a veces se lo llevaba con él durante las visitas a domicilio:

> Por lo general intentaba dejarme claro desde el principio el aspecto de la medicina que más le preocupaba a nivel personal: había mucha gente que necesitaba ayuda y él podía hacer muy poco por ayudarlos. Por eso era necesario estar disponible y hacer todas esas llamadas, pero yo no tenía claro que pudiera hacer mucho más por cambiar el curso de sus enfermedades.

En aquella época, la reputación de sanador de un médico estaba asegurada porque todos creíamos en la falacia del *post hoc, ergo propter hoc*. La mayoría de enfermedades seguían su curso natural, y algunas llevaban a una muerte inevitable. Muchas veces la gente se recuperaba, fueran cuales fueran las prescripciones del médico. Pero la creencia de que la atención de un doctor marca la diferencia (especialmente en los viejos tiempos en que el médico venía a casa, se sabía el nombre de tu perro y te animaba largo y tendido) puede ser muy poderosa, sobre todo cuando a la atención sigue una recuperación natural. La situación seguía así cuando Lewis entró en la escuela de medicina. Justo después de la introducción de la sulfanilamida:

> Poco a poco nos dimos cuenta de que no sabíamos demasiadas cosas que fueran útiles de verdad; que no podíamos hacer mucho para cambiar el curso de la mayor parte de las enfermeda-

des que no dejábamos de analizar; que la medicina, a pesar de su fachada de profesión liberal, en la vida real era una profesión profundamente ignorante.

Con excepción de la morfina y la digital, la mayoría de medicamentos que contenía el botiquín de su padre eran placebos, aunque no por eso resultaban menos efectivos. El «efecto placebo» es uno de los fenómenos más interesantes de la medicina. Algunos placebos «funcionan» porque quien se lo tomó se está recuperando por medios naturales, pero en otros casos la confianza puede inspirar un estado de ánimo que ejerce una clara influencia en el transcurso de la enfermedad. Los placebos muchas veces marcan la diferencia, si tenemos plena confianza en el doctor (he aquí el secreto de la eficacia del enfoque a la vieja usanza, diseñado para inspirar este tipo de fe). Thomas también escribe acerca del misterio y los rituales que rodean el arte de escribir recetas, siempre en un latín ilegible:

> Los placebos, que eran el mayor sostén de la medicina y durante más de un milenio fueron la única tecnología, poseían el poder mágico de un ritual religioso. Mi padre no tenía mucha fe en su eficacia, pero los usaba a diario en su práctica. [...] Por lo que podía saber, no hacían ningún daño; así que, a falta de otra cosa, se les suministraban a los pacientes para que se distrajeran mientras la enfermedad seguía su curso.

Por eso el objetivo principal de la medicina práctica pasó a ser el diagnóstico, en vez del tratamiento o la cura. Si la medicina no podía hacer gran cosa por alterar el curso de la mayoría de enfermedades, al menos el doctor podía decirle a su paciente qué podía esperar y explicarle las posibilidades y probabilidades de mejoría con exactitud y compasión. Thomas escribe lo siguiente sobre su propia formación: «Nuestra tarea consistía en diagnosticar y dar una explicación. Explicar era el verdadero asunto de que trataba la medicina. Lo que el paciente y la familia deseaban por encima de todo era saber el nombre de la enfermedad y, a partir de ahí, si era posible, qué la había causado, y por último, y por encima de todo, qué se podía hacer para vencerla». Haciendo referencia a un gran doctor y diagnosticador, escribía: «Durante los tres meses en que estuve en contacto directo con Blumgart, tres horas cada mañana, no se equivocó nunca; ni una sola vez. Pero solo recuerdo tres o cuatro pacientes a los que se les pudo dar la posibilidad de hacer algo para cambiar el curso de sus enfermedades».

Como es evidente, el estamento médico probó varios de métodos para mitigar las enfermedades, pero la mayoría eran modas inútiles. Thomas refiere unas cuantas anécdotas al respecto. En la primera década del siglo XX surgió la idea de que la mayoría de las enfermedades humanas se debían a la absorción de toxinas del tracto intestinal. Esta «autointoxicación» se podía contrarrestar dejando el intestino grueso vacío, de modo que se introdujeron todo tipo de artilugios para hacer el proceso de forma regular. En 1912 Thomas padre compró un curioso artilugio a una casa de suministros médicos: un objeto de plomo grande y redondo como una bola de bolos, envuelta en cuero. El paciente tenía que tumbarse boca arriba y pasarse la bola por encima del intestino siguiendo el sentido de las agujas de un reloj, y hacerlo varias veces al día. No hace falta decir que no funcionó y Thomas padre se deshizo de él. Doce años después, un periódico local anunció el descubrimiento de una bala de cañón en el jardín trasero de la casa de los vecinos de los Thomas que, al parecer, databa de la Guerra de Independencia. Nadie fue capaz de descubrir cómo había llegado ahí una bala porque no seguía ninguna trayectoria lógica que se pudiera relacionar con la guerra.

Por culpa de mis prejuicios personales, la segunda parte del libro, en la que Thomas da cuenta de su vida profesional, me pareció menos interesante. Thomas ha hecho una gran investigación, sobre todo en cuestiones de inmunología, pero ha pasado la mayor parte de su vida ejerciendo de administrador médico, en una larga lista de decanatos y puestos de director de instituciones como la Universidad de Nueva York, la Universidad de Yale y el Memorial Sloan-Kettering Cancer Center. Sé que ninguna institución sería viable sin sus directivos (como diría Thomas, una persona clave en la cabeza del departamento administrativo, no el jefe), pero nunca he sido capaz de desarrollar mucho interés por el proceso, por indispensable que fuera. En parte el mismo Thomas identifica la fuente de mi desgana: un mecanismo bien engrasado funciona muy bien cuando lo dejas funcionar solo.

> El gobierno de las instituciones académicas se ha considerado y reconsiderado, revisado una y otra vez por el comité de la facultad, se han escrito más informes sobre él que currículos. Pero nunca se habla de la labor que llevan a cabo. ¿Cómo se debería llevar una universidad? ¿Quién está realmente al mando? La respuesta correcta es, por supuesto, nadie.

Si hubiera verdaderas respuestas, a estas alturas ya las habría dicho alguien, puesto que las universidades están a cargo, por lo general, de personas dotadas de buena voluntad y una inteligencia razonable. La única manera de escapar de esta paradoja es aceptar que no existe ninguna solución buena ni inequívoca. Así pues, solo se puede escribir sobre asuntos sin solución.

Me gustaron más los capítulos que tratan sobre la investigación de Thomas, porque trata en igual medida de sus éxitos que de sus fracasos, para hacer hincapié en la diversión que le proporciona el mero hecho de investigar. Como sabe cualquier facultativo, el esfuerzo que requiere la investigación es tan lento y tedioso que si deja de ser divertido no tiene sentido continuar. Los mejores científicos viven una vida de diversión constante.

Bajo este agradable discurso hay un tema subyacente más serio y en crisis: la lamentable pérdida de la atención personalizada, en detrimento de la alta tecnología, en la práctica de la medicina, sobre todo en los grandes hospitales. Las enfermeras, por las que Thomas siente gran aprecio y respeto, ya no se encargan como antes de cuidar al paciente con compasión y cariño. En los hospitales modernos, escribe con sarcasmo, recibes una atención personal magnífica mientras discutes sobre la cobertura de tu seguro en la recepción. La maravillosa y eficaz maquinaria de la medicina moderna crea una barrera insuperable entre el doctor y el paciente. El viejo doctor Thomas quedaría asombrado ante los avances de la medicina moderna al mismo tiempo que no entendería la pérdida del contacto personal.

¿Es posible hacer algo para reintroducir este sentimiento activo de compasión en el cuidado a todos los niveles? Sería algo mucho más que agradable; sería más terapéutico si tenemos en cuenta que el estado de ánimo, como hemos dicho, es capaz de influir en el curso de casi todas las enfermedades (como subraya Thomas con su experiencia en inmunología y las defensas propias del cuerpo). Por supuesto Thomas admite (y aquí estriba la ironía) que si tuviera que elegir entre el conocimiento que tiene su padre del nombre de tu perro o el mecanismo más insensible de un hospital moderno, cualquier paciente escogería el hospital, porque el deseo por excelencia de alguien que busca ayuda médica sigue siendo el mejorar. Pero ¿no hay alguna manera de tener las dos cosas?

Es probable que, estadísticas en mano, esto no sea posible, ya que las instituciones y la maquinaria crean cierto tipo de personalidades e imponen el contacto limitado y fragmentado que la mayoría de médicos de ahora tiene con sus pacientes. Pero si la medicina atrajera a más humanistas racionales, una fuerza de compromiso personal haría de equilibrio o incluso inundaría el papel de formación de las instituciones. Thomas es el prototipo: un administrador médico (estereotipo de los hombres sin corazón) desprende en sus escritos y ejemplifica en su forma de vivir el trato, a la antigua usanza, de cuidado y compasión que deberíamos recuperar. Puede que solo podamos promover este redescubrimiento a través del ejemplo, en cuyo caso no encontraríamos ninguno mejor que este libro. Y aunque Thomas no lo escribió para hacer sonar el cuerno (es la mismísima encarnación de la modestia que no niega ciertas habilidades y logros, pero que no los utiliza para fomentar rivalidades), su mensaje transmite la idea de que la medicina necesita un ejército de clones de Lewis Thomas.

QUINTA PARTE

ELOGIO DE LA RAZÓN

14

SUEÑOS PLACENTEROS*

Una caricatura reciente muestra a dos científicos entrados en años disfrutando de sus pipas y satisfechos con sus vidas bien vividas. «Diré una cosa a nuestro favor —exclama el primero—: nunca nos rebajamos a popularizar la ciencia». No niego que haya conocido a hombres así, pero son muchos menos de lo que la mayoría de la gente cree. La mayor parte de los científicos desean transmitir su información y entusiasmo a los aficionados. Si pocos de ellos realmente escriben o hablan con el público, su reticencia se debe más a la timidez y la inexperiencia que a una falta de interés.

Las grandes obras de ciencia popular son lúcidas exposiciones de temas difíciles en un lenguaje común: *El ABC de la relatividad,* de Bertrand Russell, o la serie de George Gamow sobre las aventuras del señor Tomkins en un mundo donde la física cuántica y la relatividad dominan los objetos a escala humana. Estas obras clarifican el contenido de la ciencia, pero no hacen que el proceso del descubrimiento científico sea por ello menos misterioso. Al fin y al cabo, la ciencia puede producir mensajes claros usando procesos arcaicos accesibles solamente a un clero de iniciados. Para romper la última barrera entre la ciencia y su público, los científicos deben presentarse a sí mismos, además de su trabajo. Y es aquí, en el umbral de la autobiografía, donde la mayoría de

* Reseña de *Disturbing the Universe*, de Freeman Dyson.

los científicos huyen. Pueden producir obras llenas de distorsiones inconscientes *in camera* (tal y como hizo Darwin para sus hijos en su trabajo, una nota autobiográfica sin la intención de que fuera para el consumo popular). O pueden producir un discurso en palabras poco ilusorias y acartonadas sobre sus fascinantes vidas (la obra de L. S. B. Leakey *By the Evidence*, por ejemplo), o limitarse a escribir para reivindicar sus posturas en una vida llena de disputas sin importancia. Por supuesto, no suelen escribir nada, con lo que repiten la muda respuesta de Jesucristo a la pregunta de Poncio Pilatos, «¿Qué es la verdad?», en lugar de la declaración de este después de mostrar a un Jesucristo recién torturado, *ecce homo*, he aquí el hombre. A pesar de todo esto, la ciencia, como actividad, seguirá siendo inaccesible siempre y cuando los científicos se nieguen a hablar con honradez acerca de sus propias vidas y sueños.

Freeman Dyson ha abierto camino al mostrar que la composición de una autobiografía cándida puede ser divertida o, al menos, catártica. Dyson, distinguido físico y profesor en el Institute for Advanced Study de Princeton (Nueva Jersey), ha vivido de acuerdo al lema que ha elegido para nuestra posible salvación, la diversidad. Ha repartido su tiempo científico entre la física teórica y sus aplicaciones prácticas (o nada prácticas). Ha intentado diseñar reactores nucleares inocuos, ha apoyado una propuesta indefendible para propulsar naves espaciales con explosiones atómicas (lo que las convertiría en bombas, con todas sus consecuencias). Jugó un dudoso papel como ferviente militarista (ahora arrepentido) durante la guerra fría. En sus manifestaciones públicas ha oscilado entre la defensa incondicional de las pruebas nucleares y la condición de físico favorito de los visionarios que quieren colonizar el sistema solar (o el universo) usando lo que Dyson llama tecnología «verde» en lugar de «gris».

Dyson, hijo de un compositor y de una abogada, asistió a la prestigiosa escuela privada de Winchester. (Escribe como si tales ventajas fueran una consecuencia natural de la juventud.) Era demasiado joven, y se encontraba en el lugar equivocado, para ayudar a sus colegas a construir bombas nucleares, y por lo tanto a «conocer el pecado», como dijo Oppenheimer, así que pasó la guerra trabajando con las estadísticas de muerte y destrucción para el British Bomber Command (el mando de los bombarderos británico). Pero emigró a Estados Unidos después de la guerra, y conoció a Oppenheimer, Teller, Bethe y Feynman, no en el momento de sus triunfos indiscutibles, sino en sus peores y más difíciles momentos, durante la guerra fría. Este punto de vista, el de alguien que llega tarde y no llegó a la estratosfera, me parece la parte más interesante del libro de Dyson. Los héroes tienen más opciones. Al nivel de los jóvenes que luchan por un puesto, la ciencia se muestra claramente como una institución.

Al combinar esta idea de desamparado con una honestidad inquebrantable en sus recuerdos, el libro de Dyson es un testimonio escalofriante de las fuerzas que llevaron a tantos hombres a transigir y a resbalar cada vez más hasta el fondo después de un primer mal paso. Aunque de creencias pacifistas, al comienzo de la Segunda Guerra Mundial Dyson se alistó en el Bomber Command y, si no hubiera sido por la gracia divina y el estatus social, podría haber pilotado aviones en vez de calcular las probabilidades que tenía de regresar de la batalla de Berlín. No tardó en darse cuenta de tres datos aleccionadores: las misiones eran ineficaces, la experiencia no incrementaba la probabilidad de supervivencia en las misiones (y, por lo tanto, la probabilidad de morir era una función nefasta e inexorable del número de misiones realizadas), y la realización de cambios sencillos, como reducir la tripulación y desmantelar los equipos pesados, podía salvar muchas vidas.

Puso estos datos en conocimiento de su jefe, pero se retiró frustrado al ver que la burocracia militar ahogaba cualquier posibilidad de reforma. Un colega que reconoció que se podrían salvar vidas limitándose a agrandar las escotillas de emergencia de los bombarderos luchó a brazo partido durante dos años y finalmente lo consiguió, aunque por entonces la guerra ya casi había terminado. En un pasaje que me pareció un potente y personal arquetipo del dilema central que acomete a las buenas intenciones en situaciones en las que abunda la brutalidad y el sacrificio personal (incluso de detalles nimios) es tan singular como fácil es racionalizar, Dyson escribe:

> Empecé a mirar hacia el pasado y me pregunté cómo había sido posible que me implicara en aquel loco juego de muerte. Desde el comienzo de la guerra fui retirándome de una posición moral a otra, una y otra vez, hasta que al final ya ni siquiera tenía una postura moral. Al principio de la guerra yo [...] me oponía moralmente a todo tipo de violencia. Después de un año, cambié de opinión y pensé: «Por desgracia no es posible resistir a Hitler sin utilizar la violencia, pero todavía me opongo a los bombardeos». Unos años después, dije: «Por desgracia parece que es necesario bombardear si queremos ganar la guerra, y por lo tanto estoy dispuesto a trabajar para el Bomber Command, pero sigo en desacuerdo con el bombardeo indiscriminado de ciudades». Después de llegar al Bomber Command, dije: «Por desgracia, parece que, a pesar de todo, estamos bombardeando ciudades de manera indiscriminada, pero este hecho está moralmente justificado porque nos está ayudando a ganar la guerra». Un año más tarde dije: «Por desgracia, parece que nuestros bombardeos no nos están ayudando a ganar la guerra, pero al menos tengo la justificación moral de que estoy ayudando a salvar las vidas de los tripulantes de los bombarderos».

Durante la última primavera de la guerra ya no podía encontrar excusa alguna.

El tema de las disculpa continúa mientras Dyson asciende la escalera de la fama. Comenzó una campaña pública en contra del tratado para la prohibición de pruebas nucleares, una posición que ahora reconoce como «técnica, militar, política y moralmente equivocada», y que representaba tanto un acto de lealtad personal hacia su amigo Edward Teller como un último intento de salvar de la extinción su proyecto de navegación espacial usando bombas como fuente de propulsión. En cuanto a Teller, Dyson justifica así su decisión de declarar en contra de Oppenheimer: «Una lectura cuidadosa de su testimonio en el juicio muestra que no tenía ninguna intención de traicionar a nadie. Él solo quería destruir el poder político de Oppenheimer, no dañar a Oppenheimer en persona» (¿acaso se pueden separar ambas cosas?). Dyson estuvo enfadado con Teller durante un tiempo, pero le perdonó, o al menos eso dice, cuando escuchó a Teller tocar el *Preludio en Mi bemol menor* de Bach, una obra que Dyson amaba desde niño. Si la sensibilidad estética y moral fueran de la mano, entendería mucho mejor este mundo enloquecido. Los intentos de Dyson de justificar a Teller y de justificarse a sí mismo me dejan perplejo, pero ¿cómo se puede juzgar a alguien sin haber vivido en su mismo contexto? Por aquel entonces yo era un niño, y Joe DiMaggio era mi héroe. Y además nadie le ha pedido jamás a ningún paleontólogo que construya máquinas para sembrar el pánico. Sé qué me gustaría haber hecho de estar en la misma posición que Dyson, pero no puedo saber con certeza qué es lo que realmente habría hecho.

En la parte final de su libro, Dyson presenta una serie de ensayos sobre posibles mejoras que se pueden introducir en el presente y sobre esperanzas de cara al futuro. Como un soñador inmutable, prevé la posible colonización de asteroides, la preservación de la tierra como una pintoresca morada ecológica, y una rápida expansión colonial a lo largo de la galaxia, o incluso más allá, todo ello narrado con un nivel de meticulosidad sobre las consecuencias ecológicas que no lo cuestionaría ni el director de *The Whole Earth Catalog*. No puedo seguir a Dyson durante todo el camino, o mucho más lejos incluso de la atracción gravitacional de *terra firma*, pero sé apreciar la visión y la manera de pensar biológica que acompañan a estos ensayos.

En el mundo parroquial de lo académico, ciertas actitudes características definen a ciertas profesiones (aunque puede que estas profesiones digan que transmiten la verdad y no visiones parciales a las que dan forma sus materiales). Los biólogos evolucionistas (entre los que me incluyo) solemos equiparar la bondad con lo que consideramos el agente y resultado del cambio evolutivo: la correlación entre la pequeñez sin límites y la innovación (las nuevas especies suelen originarse en pequeñas poblaciones separadas de grupos paternales más grandes), y la pura y exuberante diversidad de la vida. Si un biólogo evolucionista cree en cualquier tipo de *summum bonum*, solo puede darse en la diversidad misma (no el logro de estados más «altos», ya que este tipo de «progreso» no desempeña ningún papel en la teoría de la evolución moderna). ¿Cómo podría pensar de otra manera mientras me encuentro aquí, con millones de *E. coli* metabolizando en mi intestino, miles de millones de neuronas cavilando en mi cerebro, una cucaracha y un ciempiés en el suelo, y una mofeta afuera en el garaje (sí, incluso en Cambridge, en Massachusetts)? En nuestro pensamiento tribal, a menudo creemos que los físicos crean ecuaciones entre el mundo exterior y la verdad y la belleza, posiblemente porque les interesa más extender, simplificar y unificar las leyes que participar en la desordenada diversidad de un mundo regulado por las azarosas intervenciones de la historia.

Quizás estemos equivocados sobre los físicos en general, pero yo, al menos, doy la bienvenida a Dyson a nuestra tribu. Él no solo cree en la pequeñez y la diversidad en sí mismas, sino que también ha definido su ética científica en la lucha contra la burocracia y la ciencia «grande» e institucionalizada como agentes de la mediocridad rancia. Dyson no está siendo burlón cuando dice que no tenemos un reactor nuclear seguro porque «ya nadie se divierte construyendo reactores». Trabajó con un pequeño grupo de entusiastas ilimitados de la energía nuclear al principio. Pero los tecnócratas tomaron el control, los planes se hicieron más rígidos, la economía intervino, y la «innovación» ahora se centra en pequeñas modificaciones a un diseño establecido.

De la misma manera que una ballena tiene vestigios de huesos de las piernas, yo detecto una actitud residual en Dyson que le previene de llegar al umbral de una manera de pensar más biológica. Dyson está empapado de una visión sobre la «veracidad» de las cosas. El universo debe estar ordenado. Todo debe existir con un motivo, un propósito. Todo cabe con todo lo demás. ¿Pero por qué debe prevalecer tal tipo de armonía? Un caracol que es llevado por un huracán a una tierra lejana, que se fertiliza a sí mismo y se convierte en el progenitor de una nueva especie, ¿cabe de una manera previsible dentro del orden integral de todas las cosas? No sé qué más decir sobre un acontecimiento como este, excepto que ocurrió en realidad. La naturaleza produce un tipo de orden al rechazar las cosas mal adaptadas, pero no podemos esperar que especifique un orden óptimo a las cosas adaptadas. A este nivel, la vida es intrínsecamente impredecible. ¿Qué otra cosa se puede proclamar sobre la diversidad? Los huesos de la pierna de la ballena son un recuerdo de su pasado terrestre, pero no interfieren con su función actual. Puede que el punto de vista de Dyson sobre lo que es correcto refleje su formación como físico, pero además interfiere seriamente en su punto de vista de la biología en dos sentidos importantes. Primero, en su mundo panglossiano todo lo que existe debe servir para hacer el bien. En un curioso revés del principio de la causalidad, argumenta que la variedad lingüística existe para separar los diferentes grupos humanos y preservar la idea de la diversidad:

> El hecho de que existan diferentes idiomas no se debe a un simple accidente inconveniente. Es la manera de la naturaleza de hacernos evolucionar más rápidamente. [...] Para mantener a una pequeña comunidad aislada genéticamente y permitir la evolución de nuevas instituciones sociales, era de vital importancia que los miembros de la comunidad estuvieran separados de sus vecinos por las barreras del lenguaje.

Por lo tanto, a menos que los biólogos se haya vuelto insensatos por completo, la realidad funciona totalmente al revés: los grupos humanos se separaron y, en su aislamiento, su habla divergió. Puede que esta separación mantenga aislados a los grupos si estos entran en contacto más adelante, pero no puede ser la causa de la separación en sí misma; más bien, será un simple resultado. La utilidad actual de una estructura o institución no especifica la razón de su origen. Los cerebros no evolucionaron para que Bach pudiera escribir su *Preludio en Mi bemol menor*, pero Dyson no es el único que se alegra del hecho de que los cerebros puedan producir obras maestras de vez en cuando.

Este revés de la causalidad en la manera de pensar de Dyson es una falacia común de la visión de la «veracidad» que Voltaire satirizó sin piedad en *Cándido* (cuyo subtítulo es *O el optimismo*). El insensato doctor Pangloss dice: «Las cosas no pueden ser de manera distinta de la que son. [...]

Todo está hecho para algo. Nuestras narices se hicieron para llevar gafas, así que llevamos gafas. Las piernas estaban hechas para llevar pantalones, y por eso los llevamos».

En segundo lugar, Dyson aplica su restablecida doctrina de las causas finales a un argumento acerca de la preponderancia de la mente en el universo. Expone que «en nuestra conciencia de la naturaleza» la mente entra necesariamente en el nivel más «alto» de la conciencia humana y en el nivel más «bajo» de átomos y electrones donde, según la teoría cuántica, no podemos formular ninguna descripción de manera independiente de nuestras observaciones. Si hay que considerar que la mente oscila entre esos dos extremos, ¿por qué no considerarla también en medio, o en todas partes? Y si es en todas partes, ¿no es la «veracidad» de las cosas un registro de la omnipresencia de la mente? Y esta «veracidad» ¿no está reflejada sobre todo en lo bien que encajamos en un universo que existía mucho antes que nosotros? «Cuanto más examino el universo y estudio los detalles de su arquitectura, más pruebas encuentro de que, de alguna manera, el universo debía de saber que veníamos».

Así pues, Dyson nos muestra cómo no podríamos haber encajado en un mundo diferente. Si las magnitudes de las fuerzas físicas fueran diferentes, las estrellas no arderían, y la vida que depende del calor solar no existiría. Si no reinara el «principio de la exclusión», y dos electrones pudieran ocupar el mismo estado, «no sobreviviría ningún aspecto esencial de la química», y la vida tal y como la conocemos fracasaría. Pero de nuevo nuestro moderno doctor Pangloss ha invertido las relaciones de causa-efecto. El universo está aquí por algún motivo (si tiene algún motivo para estar), y nosotros encajamos en él mucho más tarde. Me parece el colmo de un orgullo anticuado proclamar que el universo existió tal y como lo hizo durante miles de millones de años solamente para proporcionarnos una residencia cómoda.

El azar y la contingencia histórica dan a este mundo la mayor parte de su gloria y fascinación. Estoy aquí sentado, contento de estar vivo y seguro de que debe de existir alguna respuesta a la pregunta: «¿Por qué yo?». De otra manera, el mundo podría haber estado enteramente cubierto de agua, y un pulpo podría estar contando a sus hijos que un dios de ocho patas creó un mundo perfecto para los cefalópodos. Claro que encajamos. No estaríamos aquí si no fuera así. Pero el mundo no se hizo para nosotros, y sobreviviría sin nosotros.

Todos los soñadores deben fracasar; pero sospecho que sin soñadores el mundo no resonaría con la pregunta «¿por qué?», simplemente porque su mamífero más cerebral estaría sentado en un árbol tropical postulando preguntas limitadas sobre la comida y el alojamiento adecuado para los simios. En *Essay on man*, que no es precisamente un documento para soñadores, Pope escribe:

> ¡Oh hijos de la tierra! ¿Todavía intentan levantarse
> al lado de montañas apiladas sobre montañas hacia los
> cielos?
> El cielo aún riéndose el vano esfuerzo
> observa,
> y entierra a los locos bajo los montones que
> levantan.

Pero los locos de Pope son también los guardianes de un sueño. Quizá los asteroides que Dyson desea colonizar son miserables pedazos de roca. Quizá nos exterminemos a nosotros mismos antes de llegar. Pero que el Señor nos ayude si perdemos el interés.

15

LOS PELIGROS DE LA ESPERANZA*

La semana pasada paseé durante una hora por la Quinta Avenida, ahora como visitante procedente de Boston, pero impresionado, una vez más e igual que siempre, por el tamaño y la vitalidad de mi ciudad natal. A la sombra de la catedral de San Patricio, me quedé paralizado ante el escaparate de versiones comerciales de productos tecnológicos: relojes que reproducen partidos de béisbol y emiten melodías de Dixie, radios más finas que mi cartilla de ahorros, calculadoras de diez dólares mil veces más avanzadas que el aparato de cuatrocientos dólares que yo mismo compré, con cierto sentido de la modernidad, hace diez años. Me costó toda esa escalada de pitidos, flashes, objetos casi vivos y palpitantes el obligar a reconocer a mi reacia alma de paleontólogo que la revolución ya está aquí ante nosotros; el cambio más significativo que se ha producido en la vida humana desde que los trenes y la televisión unieron al mundo entero. Una manzana más hacia el oeste, en el Rockefeller Center, una inscripción dice: «En tus tiempos, la sabiduría y la ciencia serán los fundamentos de la estabilidad». Pero yo me pregunto... Sabiduría tal vez, pero...

El telar mágico, de Robert Jastrow, trata esta revolución de manera provocativa y elocuente. Expone que los ordenado-

* Reseña de *El telar mágico,* de Robert Jastrow.

res pronto serán suficientemente pequeños y refinados como para convertirse en una genuina extensión y mejora de la inteligencia humana. Un viejo gruñón proclama que las máquinas nunca igualarán o serán, en ningún sentido, como el cerebro humano porque los avances en los ordenadores solo pueden realizarse añadiendo más circuitos, mientras que la inteligencia orgánica es algo indescriptible y cualitativo que, en principio, no se puede igualar con la simple adición cuantitativa. Puede que esto sea cierto, pero estoy de acuerdo con Jastrow cuando defiende la posibilidad de efectuar una interpretación en el sentido contrario: lo que nosotros llamamos ingenio, sabiduría, lucidez y percepción no necesita nada más, como sustrato material, que un incremento importante en el número y conectividad de sus circuitos.

Los hegelianos y los marxistas han defendido que «la transformación de cantidad en calidad» es una afirmación básica sobre la naturaleza del cambio. Unos *inputs* graduales no tienen por qué producir *outputs* graduales. En cambio, los sistemas suelen resistir los cambios y absorber las tensiones hasta un punto crítico, más allá del cual un pequeño *input* añadido puede desencadenar un profundo cambio de estado. El agua a 50 °C no está medio hirviendo. Un ordenador dos veces más grande que otro probablemente no almacene información el doble de rápido. Nuestra metáfora sobre las pajitas y las jorobas de los camellos refleja un entendimiento implícito de que no todos los cambios son siempre continuos.

El impedimento que ve Jastrow no es una incapacidad tecnológica para mimetizar la operatividad del cerebro, sino una limitación del tamaño. Si bien los cerebros orgánicos logran capacidades humanas sobre todo mediante el incremento del número y la conectividad de sus neuronas, los ordenadores dotados de suficientes compartimentaciones podrían igualar nuestras habilidades cognitivas.

Los primeros tubos catódicos de la primera generación de ordenadores hubieran necesitado un tamaño varias veces más grande que la ciudad de Nueva York para poder equipararse al cerebro de un *Australopithecus*.

La miniaturización es la clave de esta revolución. Jastrow sostiene que con chips de silicio cada vez más pequeños y compactos, los ordenadores no tardarán en alcanzar la capacidad humana con medidas humanas. Entonces Jastrow se pregunta qué podrá evitar que el hombre mortal vuelque la experiencia evolutiva y social acumulada en su mente en una máquina para lograr la inmortalidad electrónica. ¿Es posible que una inteligencia basada en el silicio, aunque la ayuda inicial provenga de una inteligencia basada en el carbono, represente «la forma madura de vida inteligente del Universo»?

No estoy de acuerdo con todas las declaraciones de Jastrow sobre la fusión entre mente y máquina, pero me parece que esta parte del libro es provocadora y posiblemente cierta en líneas generales. Por desgracia se trata de una parte minúscula al final de un libro ya de por sí corto, un ensayo que no supera las treinta páginas, pero que no pasa desapercibido.

El resto del libro es un intento de retratar este desarrollo revolucionario como el resultado, casi inevitable, de una secuencia continua de lentas mejoras evolutivas que se remontan hasta el origen de la vida. Como ensayo sobre paleontología e historia evolutiva su debate es un fracaso rotundo y acaba por retratar las esperanzas y la teología de Jastrow en vez de explicar las limitaciones del mundo tal y como los biólogos las entienden.

Jastrow ha intentado generalizar lo relativo a ordenadores que trascienden la inteligencia humana, y ha representado toda la historia de la vida como una marcha inexorable y progresiva hacia el aumento de la inteligencia; la transición del carbono al silicio simplemente completa una direccionalidad universal. No hemos presenciado una reinterpretación de la antigua cadena del ser humano desde el *Punto omega* de Teilhard y quizás desde el *Essay of man* de Pope:

> Observa cómo se monta en la raza imperial del hombre
> desde las verdes miríadas de la poblada hierba.

Desde que la paleontología estableció las primeras pinceladas básicas del registro fósil hace más de cien años, sabemos lo corta que ha sido la antigua cadena del ser humano si se compara con la historia de la vida. Su persistencia como una metáfora es incluso, en el caso de Jastrow, como una «realidad» impuesta que solo refleja nuestras pocas ganas de abandonar la comodidad ante tales pruebas.

Critico dos aspectos del argumento de Jastrow. Primero: aunque la vida evolucione como él plantea, esta supuesta direccionalidad no ofrece ninguna garantía de que la continuidad sea predecible y avancemos hacia la conversión del hombre en máquina. A pesar de ello Jastrow nos explica esta lección desde el punto de vista de la historia de la vida: «Es razonable dar por sentado que los seres humanos no somos lo último en términos de evolución de la inteligencia sobre la tierra [...] La historia de la vida apoya esta conclusión; para ello nos muestra la inexorable tendencia hacia una gran inteligencia en los animales superiores [...] Si el pasado es una guía hacia el futuro, la humanidad está destinada a tener un sucesor todavía más inteligente».

Pero la metáfora y la analogía no representan una implicación lógica. La evolución biológica es una teoría sobre los lazos de la genealogía física basada en la reproducción con error y la selección natural. Pero los ordenadores no pueden criar. Ninguna directriz que imparta la biología a través del mecanismo darwiniano tiene por qué traducirse en nuevos caminos hacia los cambios industriales; un pasado biológico no implica un futuro tecnológico.

En segundo término, y más importante, ¿dónde se encuentra la «inexorable tendencia hacia una inteligencia mayor» que impregna por completo la visión biológica de Jastrow? Casi todas las criaturas multicelulares son insectos (y les va muy bien, por cierto), y están destinadas a sobrevivirnos, pero no han mostrado a lo largo del tiempo ningún tipo de aumento de inteligencia equiparable a su lograda perennidad. Nuestro tracto gastrointestinal contiene más bacterias *E. coli* que habitantes tiene el mundo, y estarán con nosotros por lo menos hasta que nuestras esencias intelectuales entren en los chips de silicio. La vida no es una escalera, sino un arbusto con millones de ramas. El darwinismo es una teoría de la adaptación local al medio ambiente cambiante, no un cuento sobre el progreso inevitable. Darwin escribió que «después de una larga reflexión no puedo evitar creer que no existe una tendencia innata al desarrollo progresivo».

Es posible que Jastrow sostenga que solo está considerando el único camino que atraviesa el inmenso laberinto de la vida que llega hasta nosotros. Me gustaría decir que a pesar de tener un motivo personal para mostrar un especial interés y afecto por este camino en concreto, nadie tiene el derecho de considerar este (ni ningún otro) como la única dirección esencial de la vida.

Los caminos que llevan a los osos hormigueros, las anchoas o las alcachofas también son largos, complicados y llenos de información biológica.

Incluso si concedemos a Jastrow esa especial atracción por nuestro camino, ¿dónde está el progreso lento, inexorable y sin obstáculos de la inteligencia que observa? No quiero parecer perverso. No niego que una vez comenzamos como organismos unicelulares en el océano, fuimos peces de inteligencia limitada y que ahora somos capaces de construir chips de silicio, los agentes de nuestra irrelevancia futura. De todos modos, no llegamos de allí a aquí mediante una escalera de creciente poder mental. Cada linaje es una serie de curiosos accidentes, con largos períodos de estabilidad (o numerosas variantes en diseños básicos), y ocasionalmente impredecibles cambios que, vistos en perspectiva, a veces hemos decidido llamar «progreso». ¿Y si los ancestros de los primates hubieran muerto en la extinción del Cretácico, o los dinosaurios hubieran sobrevivido? ¿Elogiaríamos hoy en día a los caballos por sus buenas patas, o a los tiranosaurios por sus afilados dientes, como el criterio universal para definir una evolución que se dirige implacable a la dominación? ¿Y si los glaciares hubieran congelado la tierra entera y no solamente una parte?

Jastrow parece saber que los registros de fósiles de nuestro linaje evolutivo no sostienen su historia sobre continuidad e irremediable avance, así que intenta profundizar mediante dudosas deducciones. Se resiste al observar que casi dos tercios de la historia de la vida pertenecen exclusivamente a las bacterias y a las algas verde-azuladas que permanecen casi idénticas tres mil millones de años más tarde. Jastrow, sin inmutarse, habla de «tres mil millones de años de progreso invisible». En otros casos distorsiona la historia haciendo caso omiso de la diversidad y considera que solo hay un arquetipo abstracto que sea la esencia de un grupo.

En cuanto al supuesto progreso de los primates superiores, escribe:

> El mono no ha cambiado mucho desde el momento en que apareció, hace treinta millones de años, hasta nuestros días. Su historia fue completa. Sin embargo la evolución del simio continuó. Creció en tamaño y peso, y descendió de los árboles...

¿Qué es *el* mono? Los monos han derivado en más de cien especies, desde los pequeños monos tití de Sudamérica, pasando por los babuinos que vagan por el suelo, hasta los monos aulladores que gritan y se balancean por los árboles. Ellos son los primates más difundidos y con mayor éxito de todos. Los simios son una idea tardía en extinción (solo existen cuatro o cinco especies) con un descendiente peculiarmente capacitado. Es más, si lo comparamos con el peso de su cuerpo, el pequeño mono talapoin tiene el cerebro más grande que ningún otro simio.

¿Por qué motivo la lectura que hace Jastrow de la historia de la vida difiere tanto de la que explica la mayoría de la gente que estudia los registros de los fósiles?

¿Detecto un punto de vista teológico entre líneas? Jastrow y algún que otro astrónomo han intentado encontrar a Dios en el Universo realizando una lectura del *Big Bang* como el equivalente cosmológico del Génesis. Confieso que encuentro difícil tomar en serio este argumento. El *Big Bang* puede haber creado *nuestro* universo. Además, al desagregar los productos de cualquier posible universo anterior en partículas básicas podría haber borrado el rastro de mundos anteriores. (Esta paradoja no difiere de lo que Hutton ya mencionaba en el siglo XVIII en el sentido de que la naturaleza cíclica de la historia geológica borra los registros de anteriores continentes y océanos.) Pero el impedimento para reconstruir universos previos no argumenta su necesaria inexistencia. Solo podemos decir que no lo sabemos; la cuestión acerca de si el universo contiene suficiente materia como para contraerse de nuevo (el modelo cíclico del universo frente al modelo único del *Big Bang*) sigue sin haberse resuelto. Si los científicos no deberían jugar a ser Dios, tampoco tendrían que buscarlo. La investigación en sí es legítima, pero no como parte de la ciencia.

Jastrow, sin embargo, persiste en su búsqueda,' y se pregunta si el supuesto progreso irremediable de la mente no apunta hacia una determinada Inteligencia. ¿Es posible que la analogía del relojero de Paley esté a punto de levantar cabeza después de un siglo de inactividad bien merecida?

> Cuando estudias la historia de la vida, y das un paso atrás para mirar esta larga historia con la perspectiva de varios cientos de millones de años, ves un flujo y una dirección en ella —desde lo sencillo hasta lo complejo, desde las formas inferiores hasta las superiores, y siempre hacia una inteligencia superior— y uno se pregunta: ¿puede esta historia de acontecimientos que llevaron al hombre, con su clara orientación, no estar dirigida?

Pero esta «clara orientación» es solamente un principio organizador en la cabeza de Jastrow. En su mente, los paleontólogos solamente pueden responder a Poncio Pilatos con las palabras de Cristo: «Tú lo has dicho».

Como la historia de la vida no es un cuento que transcurra en silencio, nuestra transición putativa de la inteligencia del carbono a la del silicio no puede ligarse a la paleontología para formar una visión unificada y grandiosa de la continuidad y los progresos del universo. Yo vería más bien ese cambio de organismo a máquina como una verdadera discontinuidad en la historia de la tierra. (También me gustaría confesar mi predilección personal por contemplar transiciones bruscas y cambios de estado como un hecho importante dentro de la variedad de la naturaleza. ¿Qué más puede significar el *output* de «innovación» por muy homogéneo que sea el *input*?)

En uno de sus aforismos más famosos, Freud sostiene que existen tres grandes discontinuidades en la historia de la ciencia occidental. Cada una de estas rupturas arroja a la humanidad desde la cima de la arrogancia cósmica. La primera, la revolución de Copérnico, ubica el centro del Universo en «un pequeño rincón del sistema mundial de una magnitud casi imposible de concebir». La segunda, la revolución de Darwin, «quita al hombre el lugar privilegiado que le daba el haber sido creado *ex profeso*, y lo desciende al mundo de los animales». Y la tercera, y quizá la declaración menos modesta de la historia intelectual, la propia revolución de Freud, «el esfuerzo para demostrar que cada uno de nuestros *yo* no es ni siquiera el dueño de su propia mente, pero que debería contentarse con los pedazos de información que ocupan inconscientemente su propia cabeza».

Bruce Mazlish, historiador del MIT, sugirió en 1967 que los ordenadores generarían «una cuarta discontinuidad».[2] Cada acontecimiento previo nos ha permitido ciertas comodidades. Copérnico nos enseñó que vivimos en un pedazo de roca situado en la periferia, pero que podíamos seguir creyendo que Dios nos puso allí por su propio mandato. Darwin demostró que habíamos evolucionado de modo natural pero que podíamos conservar nuestras mentes racionales. Freud negaba nuestra racionalidad pero a la vez podíamos considerarnos poseedores de un poder mental único. Si la cuarta cumbre se derrumba, debemos admitir que una placa base de chips de silicio puede superar todo nuestro poder mental cognitivo. Pero Mazlish señala asimismo que cada discontinuidad de nuestra propia historia establece, como base fundamental, una continuidad que no percibimos en la naturaleza. En primer lugar, entre la tierra y otros cuerpos físicos; en segundo lugar, entre nosotros y la naturaleza; en tercero, entre la mente y la materia evolucionada, y ahora, por último, entre la vida humana y las máquinas que construimos. Lo irónico del asunto es que Jastrow escribió este libro para establecer lo que considero una falsa continuidad en la evolución física real de la inteligencia. Sin embargo, la idea de que la inteligencia artificial pueda unificar la naturaleza se puede entender de manera abstracta. Mediante la creación de una verdadera discontinuidad en la historia física de la inteligencia en la tierra, podemos obligarnos a apreciar nuestro profundo arraigo en la naturaleza. Por supuesto, cualquier paleontólogo sabe que una inmersión intensa puede llevarnos al olvido. Esto, en realidad, es la paradoja a la que pronto tendremos que enfrentarnos.

16

UTOPÍA, S. L.*

En una de sus grandes obras, *An American Dilemma* (1944), Gunnar Myrdal elogió el esfuerzo que realizó «un puñado de científicos sociales y biológicos» para combatir el racismo y el hereditarismo, prejuicios culturales que arraigaron hasta tal punto que los intelectuales blancos de todo el mundo habían presentado la inferioridad de los negros como una verdad evidente. Myrdal se pregunta qué otros prejuicios generalizados podría haber, tan profundos e incuestionados que ni siquiera somos capaces de reconocerlos:

> Pero debe de haber otros muchos incontables errores del mismo tipo que ningún ser humano ha detectado todavía, debido a las tinieblas que envuelven nuestra cultura occidental. Las influencias culturales han establecido nuestros presupuestos iniciales sobre la mente, el cuerpo y el universo; plantean las preguntas que nos hacemos; influyen en los hechos que buscamos; determinan la interpretación que damos a los hechos, y dirigen nuestras reacciones frente a esas interpretaciones y conclusiones.

En *El punto crucial*, Fritjof Capra, autor de *El tao de la física*, intenta identificar y combatir los que pueden ser los prejuicios conceptuales más profundos de la vida de Occidente, además de (opina él) una fuente primaria de nuestras enfer-

* Reseña de *El punto crucial*, de Fritjof Capra.

medades e infelicidades actuales. Según dice, el problema comenzó hace casi cuatrocientos años, cuando el organicismo previo venía dado por el paradigma conceptual del mecanicismo cartesiano, una aproximación omnipresente en todas las disciplinas y caracterizada por una táctica explicativa que separa, analiza y reduce el mundo en partículas básicas, los átomos y las moléculas. Esta estrategia reduccionista se alió con un machismo conceptual, que se basaba en el progreso y crecimiento continuos mediante la explotación de la tierra y todas sus formas de vida (vistas como algo diferente del hombre y dispuestas a ser dominadas), y la idea básica que aprendemos con el fin de controlar y manipular (como dijo Bacon, «el conocimiento es poder»).

Para evitar el descenso del camino cartesiano hacia el abismo de nuestras propias construcciones, Capra ofrece un nuevo «paradigma de pensamiento» que nace de manera espontánea, pero a menudo es una moda rudimentaria e inconsciente entre pensadores preocupados y perceptivos de todas las disciplinas. Las señas de este nuevo camino son el «holismo» y la «ecología». Debemos considerar la unión y la interacción como realidades básicas inseparables. Nuestras unidades explicativas tienen que ser sistemas complejos y no bloques separados. Tenemos que sumergirnos en la naturaleza y obrar a su manera, en vez de actuar al margen de ella para explotarla.

El libro de Capra se divide en cuatro partes. La primera explica la actual crisis que nos ha impuesto el cartesianismo y sugiere una alternativa. La segunda, que se subdivide en dos partes, establece el modelo cartesiano y a continuación explica que su razón de ser ha desaparecido porque los avances de la física moderna reflejan los temas ecológicos e interactivos de muchas tradiciones místicas no occidentales. (Capra, físico de formación, persigue aquí algunos temas de su anterior libro.) La tercera describe la mala influencia del cartesianismo en los campos de la biología, la medicina, la psicología, la economía y las políticas de crecimiento. La cuarta parte propone un rescate global en estas mismas (pero ahora inseparables) áreas.

Ni que decir tiene que este programa general, sumamente razonable, pero caricaturizado aquí por mor de la brevedad, cuenta con mi aprobación. Mis trabajos más recientes sobre teoría evolutiva siguen las recetas de Capra: he intentado describir una alternativa jerárquica frente a la tradición darwiniana que reduce a gran escala todos los fenómenos evolutivos al extrapolar los resultados de la selección natural cuando trabaja en el plano de los organismos individuales dentro de poblaciones más amplias (lo que Darwin llamaba «lucha por la existencia» o, dicho en términos más modernos, «reproducción exitosa»). Por el contrario, los modelos jerárquicos reconocen genes, organismos y especies como entidades legítimas en una secuencia de niveles que tienen un único principio explicativo.[1]

Cuando el rey Paramount de la *Utopia, Limited* de Gilbert y Sullivan decide transformar su isla paradisíaca para adoptar unos criterios británicos modernos, proclama: «Aunque los objetivos nobles implican efectos catastróficos, triunfaremos gloriosamente, o fracasaremos con nobleza». *El punto crucial* no es una catástrofe, pero la veo como un noble fracaso, por dos razones. La primera se remonta a la visión de Myrdal y no es culpa de Capra: estamos tan imbuidos por los prejuicios cartesianos que apenas conocemos otras formas de pensar. Siempre es más fácil identificar problemas que construir soluciones. Si a la descripción de Capra del paradigma holístico y ecológico le falta riqueza y rigor... Bueno, somos muchos quienes lo hemos intentado, y si ninguno de nosotros ha tenido éxito, tampoco podemos exigirle más. Sin embargo, por la segunda razón sí que me plantaría en su casa para pedirle explicaciones, puesto que su razonamiento me parece muy simplista e incluso (y creo que de manera intencionada) irracional en demasiados puntos. Voy a centrarme, en orden sucesivo, en los problemas que detecto en su análisis histórico del cartesianismo, la identificación que hace del nuevo paradigma, su justificación intelectual y sus ideas acerca de cómo llevar a cabo la sustitución.

ANÁLISIS HISTÓRICO DEL CARTESIANISMO

El mundo es un lugar complejo. En nuestra lucha por simplificarlo y comprenderlo muchas veces identificamos las pesadillas y las hacemos responsables de todos los males. El candidato a pesadilla de Capra es el reduccionismo cartesiano; pero las constantes invocaciones descabelladas de su funesta influencia a menudo suenan ridículas, sobre todo cuando ya existen explicaciones mucho más simples. Pensemos por ejemplo en su razonamiento acerca de por qué «en la mayoría de lenguas europeas el lado derecho se asocia a lo bueno, justo y virtuoso, y el izquierdo al mal, el peligro y la sospecha». Como las acciones de nuestro lado derecho están determinadas por el hemisferio izquierdo de nuestro cerebro, y como el hemisferio izquierdo (en una dicotomía simplista favorecida por muchos artículos de psicología popular) lleva a cabo «la cuantificación y el análisis», mientras que el derecho piensa en patrones holísticos integrados, Capra cree que nuestra preferencia por la destrera refleja «nuestra inclinación cultural cartesiana en favor del pensamiento racional». ¿Es que ha olvidado las preferencias bíblicas por aquellos que «se sientan al lado derecho del Padre», una inclinación de orígenes anteriores al precartesianismo organicista? No puede pasar por alto una explicación más simple y obvia de esta pauta: por alguna razón que todavía no comprendemos, la mayoría de los seres humanos son diestros, y la xenofobia y el miedo históricos a lo desconocido bastan para crear nuestra distinción lingüística entre diestros y zurdos. No hace falta buscar pesadillas cartesianas debajo de la alfombra.

Además tiene tantas ganas de echarle al cartesianismo la culpa de haber dado origen a la mayoría de los problemas de Occidente que plantea una visión absurdamente romántica de la Europa holística anterior al *cogito, ergo sum*. Por ejemplo:

> El sistema de valores que se desarrolló durante los siglos XVII y XVIII reemplazó gradualmente el conjunto coherente de valores y actitudes medievales, como la creencia en la gracia del mundo natural, las restricciones morales contra la concesión de dinero por interés, la idea de que los precios «solo» tenían que ser convenciones y desalentar la ganancia y el acopio individuales; que el trabajo era por el bien de la comunidad y para el bienestar del alma y que el comercio solo era justificable si servía para restaurar la suficiencia del grupo; y que la verdadera recompensa la encontraríamos en el otro mundo.

¡Que se lo cuenten a los comerciantes de la Liga Hanseática! No veo cómo es posible que la misma Europa, que fue tantas veces devastada por plagas y guerras, y que tenía un campesinado empleado y oprimido, pueda reclamar tanta prosperidad económica.

Mi escena preferida de la obra de Brecht titulada *Galileo* pone de manifiesto el lado opresor de cualesquiera que fueran los elementos holísticos y orgánicos que conformaban el paradigma político precartesiano. El pequeño monje, un astrónomo que sabe que Galileo tiene razón, cuenta a su mentor por qué abandonará la astronomía y volverá a la doctrina de la Iglesia que sitúa la tierra en el centro del Universo. Sus padres, cuenta, son pobres campesinos de la Campania, y su vida de sufrimiento solo tiene sentido si cada individuo juega un papel predeterminado dentro de la armonía estática de unidad permanente. De la misma manera que los planetas giran en torno a la Tierra en el cosmos limitado, los obispos deben obedecer al Papa, y los campesinos a sus señores. Así pues, el pequeño monje le dice a Galileo: «¿Entiendes ahora que, en el decreto de la Sagrada Congregación, pueda ver la noble compasión maternal y la gran bondad del alma?». La respuesta mordaz de Galileo es: «Maldita sea, veo la paciencia divina de vuestra gente, pero ¿dónde está la ira divina?». El holismo precartesiano era algo más que una percepción bucólica de la unidad fundamental de la naturaleza; también era una doctrina dandi que reforzaba un *statu quo* que no satisfacía a todo el mundo.

IDENTIFICACIÓN DEL PARADIGMA

Como ya he dicho, estamos tan empapados de la visión cartesiana del mundo que no sabemos cómo formular una alternativa general y coherente. Capra cita al perspicaz biólogo Sidney Brenner:

> Creo que en los próximos veinticinco años tendremos que enseñar otro lenguaje a los biólogos [...] Todavía no sé cómo se va a llamar, y nadie lo sabe. Pero creo que nos lleva al problema fundamental de la teoría de sistemas elaborados...

En ausencia de un pensamiento bien formulado que sustituya al cartesianismo, Capra se limita a citar a los héroes y precursores de su nuevo orden. Pero las palabras de moda y la defensa vaga pronto se transforman en aburrimiento. En el mejor de los casos, encontramos a quienes han elaborado una teoría a medio camino del sistema holístico (Von Bertalanffy) o en forma de oráculo (Gregory Bateson), o al estilo popular (Arthur Koestler). En el peor están las citas parciales de gurús que, por lo que puedo ver, no tanteaban ningún tipo de teoría anticartesiana, pero que Capra, por algún motivo, quiere que estén en su panteón. No entiendo, por ejemplo, por qué hay que tomarse los inocentes ensueños místicos de Teilhard de Chardin acerca de la marcha ascendente de la conciencia hacia el punto omega como un presagio del nuevo orden holístico, solo porque Teilhard definió una vez la conciencia como «el efecto específico de la complejidad ordenada, perfectamente compatible con una visión sistemática de la mente».

JUSTIFICACIÓN DEL NUEVO PARADIGMA

Cuando algo no se ha formulado con el debido rigor, justificarlo se convierte en una empresa colosal. Capra adopta como estrategia la búsqueda de similitudes entre los sistemas dispares que han formulado los que aparentemente van bien encaminados. Si es verdad que los físicos occidentales y los místicos orientales están diciendo lo mismo en las distintas luchas por entender la realidad, entonces, por Dios que tiene que haber algo. Pero se trata de una manera muy peligrosa y superficial de abordar el análisis de la similitud.

Los historiadores naturales, que son los principales responsables de llevar a cabo la tarea del análisis de similitud, han desarrollado un sistema de clasificación para designar las tipologías de significados y para separar lo relevante de lo irrelevante. Las similitudes son homólogas o genealógicas si se encuentran en estructuras formadas por dos o más objetos que comparten antepasado (por ejemplo, mi brazo y la extremidad anterior de un caballo, que tienen dos funciones muy distintas pero comparten una estructura ósea parecida). El sentido de las homólogas nace de la herencia común.

Las similitudes que se desarrollan independientes pero se identifican por el parecido formal o morfológico se llaman análogas (por ejemplo, las alas de las aves y los murciélagos, cuyo antepasado común no volaba). Estas son especialmente difíciles de evaluar porque son relevantes o irrelevantes según el contexto. Las alas de aves y murciélagos no nos dicen nada sobre la herencia, pero podemos aprender muchas cosas acerca de la aerodinámica del vuelo si un abanico de acontecimientos evolutivos independientes converge hacia una solución mecánica común. Cuando las similitudes análogas se regulan con leyes y limitaciones físicas, podemos identificar las razones comunes que subyacen en la unidad formal aunque cada acontecimiento se hubiera producido de manera independiente. Las coyunturas pueden ser muy diversas: las formas hexagonales de las burbujas de jabón, las placas del caparazón de una tortuga o los pilares de basalto de la Calzada de los Gigantes de Irlanda del Norte. Pero en la base de la similitud podemos encontrar las mismas leyes o causas formales; en este caso, las mismas reglas geométricas.

No obstante, en el dominio de las analogías nos encontramos con un problema obvio porque las similitudes que no pueden explicarse desde un punto de vista genealógico nos conducen a efectuar un juicio subjetivo, pero no dejan de ser accidentales, azarosas, superficiales o falsamente percibidas solo porque buscamos a la desesperada ver algo de orden en el mundo. Al fin y al cabo, el mundo contiene muchos más objetos que nosotros conceptos, así que siempre estamos cometiendo esta clase de errores. Seguro que la mayoría de similitudes caen en esta clase superficial y no reparamos en ellas porque hemos perfeccionado nuestra intuición. (Muchos de nosotros no lo hacemos, e incurrimos en todo tipo de tonterías, como elaborar listas con las características comunes de los asesinatos de Lincoln y Kennedy y creer que hemos desvelado algún tipo de verdad profunda.)

Siempre es instructivo confrontar un sistema de conocimiento antiguo que concedió un significado de peso a las similitudes y que ahora ya está obsoleto. Los bestiarios medievales, por ejemplo, dibujaban paralelismos fantásticos entre los animales y sus nombres porque creían que los nombres poseían un significado independiente, con lo que revelaban no solo al animal, sino un significado más profundo que tenían para nuestras vidas. El ejemplar que tengo dice que una cabra se llama *capra* en latín (que es también el apellido del autor de quien hablamos) porque se esfuerza en alcanzar los riscos de la montaña (*aspera captet*), y en consecuencia representa a Cristo, quien, en una referencia anacrónica en el Cantar de los Cantares, «viene como una cabra que salta por los montes».

Capra no intenta distinguir las similitudes representativas de las superficiales; parece creer que algún tipo de unidad organizadora yace detrás de cualquier analogía que le preocupe. Así emerge su paradigma holístico: las diferentes tradiciones que le caen simpáticas se esfuerzan por alcanzar la misma unidad y simplificación. ¿Pero lo son realmente?

Como en su libro anterior, Capra hace hincapié en las similitudes de las tradiciones religiosas orientales con la física moderna. Por ejemplo, después de exponer la dicotomía (y la unión interpenetrante) del yin y el yang, decide que la complementariedad de las descripciones de onda y partícula de los fenómenos atómicos registra la misma idea de realidad construida como un sistema indisoluble, que no ha sido construido a partir de elementos sin ambigüedades, «desempaquetados» en cuestión de minutos.

¿Por qué debería aceptar esta analogía como expresión real de la unidad en la naturaleza?¿Estoy siendo demasiado analítico cuando señalo que los filósofos chinos no hablaban de partículas básicas cuando intentaban construir un sistema comprensible? ¿No es posible que su yin y yang no reflejaran nuestra lucha racional por entender la realidad compleja porque en vez de reordenar la naturaleza, la dicotomizan? ¿Y por qué debería ver la doble cara de la naturaleza del yin y el yang como una similitud relevante con las ondas y las partículas? Hay muchísimas maneras de describir el mundo, y muchas veces hay intentos que acaban solapándose sin producir por ello una verdadera síntesis final más válida.

Aún hay más problemas relacionados con el uso primario de la física moderna de Capra para fundamentar su reconstrucción holística. Como fuente de sus ilustraciones, la física se convierte en su principal justificación. Por ejemplo, escribe:

> Así es como la física moderna revela la unidad básica del universo. Muestra que no podemos descomponer el mundo en la existencia de pequeñas unidades independientes. A medida que penetramos en la materia, la naturaleza no nos muestra bloques construidos de forma aislada; más bien se nos presenta como una red compleja de relaciones entre varias partes de un todo...
>
> Aquí, en el nivel de las partículas, la noción de partes separadas se desmorona. Las partículas subatómicas (y, por extensión, todas las partes del universo) no se pueden entender como entidades aisladas, sino que tienen que definirse en función de sus interrelaciones.

Pensemos en las peculiaridades que encierra esta última frase: «Las partículas subatómicas (y, por extensión, todas las partes del universo)». Por fin hemos capturado al antirreduccionista y holista autoproclamado en su punto de vista provinciano. Ha seguido la estrategia reduccionista más antigua: lo que sea en la estructura de la física, reina de las ciencias, tiene que ser, por extensión, en toda la naturaleza. No puedes salir de la trampa cartesiana abogando por el holismo del nivel más bajo. La afirmación de que este nivel más bajo, sea cual sea su naturaleza, representa la esencia de la realidad es el argumento antirreduccionista por excelencia.

La perspectiva jerárquica debe tomarse en serio el principio de que el fenómeno a un nivel no se puede extrapolar de manera automática y funcionar igual en otros niveles (constricción que impone respeto cuando nos entregamos a nuestros hábitos cartesianos para explicar lo grande en términos de lo pequeño). Podría ser que los fenómenos subatómicos fueran indisolubles (aunque lo dudo), mientras que las casas, las secuoyas y los rinocerontes son perfectamente distinguibles. Y ambos representarían aspectos válidos de la realidad.

Por último creo que la supuesta justificación del holismo de Capra se apoya demasiado en una simple glorificación de lo no racional. Por ejemplo, no deja de insistir en que el camino que sigue la naturaleza tiene que ser el correcto y que nuestras torpes mentes se equivocan si eligen seguir un camino distinto. Este argumento se adapta muy poco al concepto de naturaleza que tanto anhela Capra:

> Da la sensación de que hemos perdido la capacidad tan importante de ritualizar los conflictos sociales, al desarrollar a un ritmo rápido nuestro talento para el pensamiento abstracto. En el reino animal la agresividad se desarrolla pocas veces hasta el punto de que uno de los adversarios muera. En vez de eso, la lucha se ritualiza y normalmente termina cuando el perdedor se rinde, sin estar todavía muy malherido. Esta sabiduría desapareció, o al menos quedó sumergida, cuando surgió la especie humana. En el proceso de la creación de un mundo interior abstracto hemos perdido el contacto con las realidades de la vida, y nos hemos convertido en la única criatura que a menudo se niega a cooperar e incluso mata a los de su propia especie.

Puede que la idea del combate ritualizado fuera un asunto que alcanzó una popularidad transitoria en la etología de hace quince años, pero los estudios recientes acerca del comportamiento animal han encubierto, en una y otra especie, muchas más lesiones y muertes y muchas menos posturas abstractas de las que nos habríamos imaginado. Así es. La naturaleza no dispone de una sabiduría que se pueda transferir de forma automática que sirva como base de la moral humana. La observación pasiva y la veneración absoluta de la naturaleza no pueden sustituir a la ética filosófica.

En otros pasajes, la bendición del holismo (e incluso su justificación) se pone al nivel de los arranques emocionales que atraviesan la razón y nos invaden con la certeza de que todo es uno:

> En escasos momentos de nuestras vidas podemos sentir que estamos en sintonía con todo el universo. Estos momentos se pueden dar en distintas circunstancias, como cuando das el golpe perfecto en tenis, o realizas la bajada perfecta en una pista de esquí, en medio de una experiencia sexual plena, contemplando una gran obra de arte, o en las profundidades de la meditación.

No voy a renegar de estos placeres, especialmente del tercero y del cuarto. Pero ¿por qué *todos* sus ejemplos forman parte del reino de lo irracional? ¿Es que soy especial solo porque algunos de mis momentos emocionales más plenos van acompañados de mi comprensión de la complejidad de la naturaleza? ¿Y por qué, ¡por qué! el tenis y el esquí tienen que ser siempre los deportes ejemplares? ¿Porque son los que practica la gente guapa? ¿Es que hay algo de malo en los bolos y el sóftbol, que son mis favoritos de toda la vida, a pesar de que sean tan ordinarios?

Odio tener que decir esto, porque desvela un provincianismo injustificado por mi parte. Pensaba que Capra y yo seríamos almas gemelas, ya que compartimos un compromiso parecido con la perspectiva holística y jerárquica. Pero en vez de eso su libro me irrita cada vez más, con sus analogías dudosas, su desconfianza de la razón y la invocación de nociones de moda. En ciertos aspectos me veo más cerca incluso de los cartesianos racionales (con los que, al menos, comparto una base para el desacuerdo) que de la marca ecologista californiana de Capra. Supongo que soy más bien un holista neoyorquino.

CÓMO HACER LA TRANSICIÓN

Si el cartesianismo está tan omnipresente en la base del trabajo científico, y si otorga tantos beneficios a quienes están en el poder, entonces no será tan fácil abandonarlo en una orgía de expiación. Para aquellos que recojan el botín no será tan fácil entregarlo. Capra, sin embargo, parece poco preocupado por las realidades políticas y no sondea mucho más allá de la fe para saber si tendrán lugar o no las transiciones que tanto necesitamos. «Siguiendo más bien la filosofía del I Ching que el punto de vista marxista, creo que en tiempos de transición social hay que minimizar el conflicto», escribe. Bien por ti si esto llega a suceder. Quizá, sugiere, los grupos de presión holísticos harán que la transición resulte tan atractiva como para que los no votantes vayan a las urnas y «transformen el cambio de paradigma en una realidad política».

Me parece tan deprimente como divertido el hecho de que muchos de nuestros esfuerzos intelectuales, aunque se disfracen de intentos de entender la naturaleza, consigan justificar nuestras esperanzas y apaciguar nuestros miedos. Hemos tenido Tierras en el centro de pequeños universos y personas creadas a imagen y semejanza de Dios. La versión holística de la visión de Capra termina fracasando porque sigue la misma tradición y sustituye el deseo por el análisis. Desde el lema político de que las cosas buenas pasarán porque deben pasar hasta la búsqueda de analogías que resultan significativas porque las plantea gente admirable adscrita a diferentes tradiciones dignas, la reclamación y el pronóstico de Capra a menudo no hacen más que reforzar sus preferencias personales como si fueran el propio camino que debe seguir la naturaleza.

Y lo que es peor, creo que el enfoque de Capra, centrado en sus propias esperanzas, lo ha llevado a incurrir en malentendidos básicos del mismo paradigma que defiende. El modelo antirreduccionista intenta entender la naturaleza como una jerarquía de niveles interdependientes, cada uno de ellos coherente en sí mismo, y al mismo tiempo vinculado por lazos de retroalimentación a los niveles adyacentes (por ejemplo, el holón bifronte de Arthur Koestler, quien se mantiene firme en su sitio, al tiempo que mira hacia arriba y hacia abajo). El nonivel es una realidad última y un punto de referencia para efectuar la extrapolación; todo está legitimado, y hace que interactúen varios aspectos de nuestro mundo natural.

Capra, en sus esperanzas de alcanzar la armonía y la unidad, argumenta una y otra vez que los niveles deben reforzarse mutuamente y conducir, en última instancia, al mismo final que deseamos todos. Por ejemplo, escribe:

> Por consiguiente, la visión de los sistemas de salud se pueden aplicar a diferentes niveles de sistemas, con los correspondientes niveles de salud interconectados. En concreto, podemos discernir entre tres niveles independientes de salud: individual, social y ecológica. Aquello que es enfermizo para el individuo también lo es para la sociedad y para el ecosistema que lo integra.

Ojalá fuera así. El mundo sería un lugar más agradable si esta fe en la armonía interrelacionada derivara de manera inevitable del concepto de los niveles. Pero no lo hace. Si los niveles son sustancialmente independientes, entonces las ventajas de los individuos de un nivel pueden ser beneficiosas o no para los individuos de los niveles adyacentes. La suerte de algunas personas no tiene por qué beneficiar a toda la comunidad, a menos que estemos tratando de insertar nuestra fe en la armonía en un mundo que en última instancia no es solidario.

Los beneficios de los niveles adyacentes a menudo son contradictorios; las soluciones «armoniosas» tienen que ser equilibrios que no satisfagan del todo ningún nivel, ni tampoco el descubrimiento de un camino óptimo para todo. En el terreno de la biología evolutiva, lo que es beneficioso para los organismos en la lucha inmediata por la supervivencia a menudo (y, probablemente, casi siempre) reduce la longevidad de la especie (el nivel superior). Las estructuras complejas e intrincadas, desde la cola del pavo real a la elaborada armadura de los machos cuando pelean, confieren éxito evolutivo a los organismos más grandes y más listos, pero encomiendan a las especies que se preparen según un contexto tan determinado que perecerán cuando cambien las condiciones. Mientras tanto, las especies relacionadas que siguen siendo pequeñas y monótonas podrán mantener una flexibilidad evolutiva, aunque se den cambios en el entorno. Los héroes deportivos no sufren por embolsarse millones de dólares, pero la estructura económica de los juegos que practican sí que se puede ver amenazada.

El holismo no tiene por qué implicar que haya armonía; los conflictos referentes a demandas lícitas de los distintos niveles forman tanta parte del modelo jerárquico como la confluencia. Como dice Capra, tenemos que desarrollar un nuevo paradigma, pero no producirá un nirvana de cooperación para el beneficio propio. El mundo es demasiado complejo. No creo que exista ningún impedimento intrínseco para que todos tengamos vidas dignas, pero dudo que nunca dejemos de sacrificarnos, luchar y comprometernos.

17

LA INTEGRIDAD Y EL SEÑOR RIFKIN*

La evolución tiene una forma geométrica definida que la metáfora ancestral del árbol de la vida retrata a la perfección. Los linajes se separan y divergen como las ramas de un árbol. Cuando una especie se ha separado de otra mantiene la independencia, y las ramas de la vida tampoco vuelven a juntarse. La extinción es para siempre, y la permanencia, una odisea personal. Pero el arte no siempre imita a la naturaleza. La biotecnología o ingeniería genética ha despertado temor y reacciones adversas porque amenaza esta propiedad fundamental de la vida: poner los genes de una especie en el programa de otra de modo que combinen lo que la naturaleza había mantenido separado desde tiempos inmemoriales. Las reacciones adversas se centran en dos preocupaciones esenciales: una inmediata y práctica, y la otra, distante y profunda.

Muchos críticos tienen miedo de que ciertas conjunciones puedan tener efectos potentes e imprevisibles, y den lugar a agentes resistentes a la enfermedad o simplemente una nueva criatura tan robusta y fecunda que, como el *hielo-nueve* de Kurt Vonnegut, se extienda para hundir la tierra en un milisegundo geológico. No me acaban de convencer estas in-

* Reseña de *Algeny*, de Jeremy Rifkin, en *Discover*, enero de 1985. El resto de las reseñas que aparecen en este volumen se publicaron originalmente en la *New York Review of Books*.

cursiones en la ciencia-ficción, pero reconozco que el enfoque más profundo y a largo plazo merece un debate interesante: ¿qué consecuencias éticas, estéticas y prácticas tiene alterar la geometría fundamental de la vida y permitir que una especie diseñe nuevas criaturas a su antojo, combinando piezas y partes de linajes que se han desarrollado por separado durante miles de millones de años?

Jeremy Rifkin ha sido el detractor más destacado de la ingeniería genética. Ha ganado casos en los tribunales y ha despertado la furia en los foros científicos con sus testimonios acerca de los peligros inmediatos que entraña. *Algeny* (titulado así por la alquimia moderna de los genes) es su declaración más importante al respecto, y se concentra casi en su totalidad en ir al fondo del problema. Se ha hablado mucho de sus aspectos relacionados con los miedos inmediatos, pero en cambio no se ha analizado ni diseccionado *Algeny* como es debido. Hay que formarse un juicio acerca de su carácter de profecía o pretensión, de filosofía o panfleto, porque se autoproclama el manifiesto de un movimiento que lucha por preservar la naturaleza y la decencia de los manejos de los científicos impacientes y rapaces.

Expondré mis conclusiones con claridad y dureza desde el principio. Creo que *Algeny* es un folleto de propaganda antiintelectual enmascarada bajo una apariencia de erudición ingeniosamente construida. De entre todos los libros que se promocionan como serios manifiestos intelectuales urdidos por pensadores importantes, creo que es el peor que he leído nunca. Y es una verdadera pena, porque el tema que trata es francamente preocupante y no estoy en desacuerdo con los motivos básicos por los que Rifkin considera que hay que respetar la integridad de los linajes evolutivos. Pero los medios dudosos ponen en un compromiso los fines respetables; por eso debemos salvar la conclusión humana que ofrece Rifkin de su lamentable táctica.

El argumento de *Algeny* se basa en un aspecto que los historiadores científicos contemporáneos ya habían anticipado, contra el mito de la objetividad y el inevitable progreso científico. La ciencia tiene raíces sociales: sus teorías no son simples deducciones de los hechos observables en la naturaleza, sino una mezcla compleja de ideología social (que muchas veces se expresa de forma inconsciente) y limitaciones empíricas. Es un tema liberador para la ciencia; encarna la parte humana de nuestra empresa y nos muestra como criaturas apasionadas que luchan con pocos recursos para entender una realidad compleja, no como robots programados para convertir la información objetiva en una verdad inmutable. Pero en manos de Rifkin este tema se convierte en una caricatura, porque hace caso omiso de la maraña de interacción entre prejuicios sociales y los *hechos* de la naturaleza, y defiende un determinismo socioeconómico puro y duro que ve nuestra sucesión histórica de visiones del mundo (desde el creacionismo y el darwinismo hasta nuestro actual paradigma, supuestamente en construcción) como simples reflexiones acerca de las ideologías sociales.

Rifkin construye su escrito a partir de la crudeza del determinismo socioeconómico: el evolucionismo darwiniano, afirma, fue la creación del capitalismo industrial, la edad de la pirotecnología. Surgió en un contexto de reflexión de las ideologías sociales y, por lo tanto, nunca tuvo una base sólida en cuanto a razones o pruebas. Y ahora el darwinismo está muriendo porque la era de la pirotecnología está cediendo su lugar a la de la biotecnología, que precisa un nuevo punto de vista sobre la vida. El darwinismo trasladó la máquina industrial a la naturaleza; la biotecnología modela la naturaleza como un ordenador y sustituye la información por las partes materiales.

El darwinismo generó (o reflejó) el mal porque apoyó la explotación del hombre y la naturaleza, pero al menos respetó la integridad de las especies (aunque a algunas las llevó a la extinción) porque no disponía de la tecnología necesaria para cambiarlas, ya fuera mezclándolas o bien a través de la transmutación instantánea. Pero el nuevo paradigma disuelve las especies en cadenas de información que se pueden reordenar a voluntad.

La nueva teoría temporal de la evolución sustituye la idea de que la vida es una máquina por la de que se trata de simple información. Se drena la vitalidad de todo lo que está vivo para convertirlo en mensajes abstractos. Ya no podemos pensar en cuestiones como la sacralidad o la inviolabilidad. ¿Qué sentido tienen tales conceptos en un mundo carente de límites que respetar? En la era de la biotecnología, distintas especies con distintos nombres poco a poco abren paso a sistemas de información que pueden reprogramarse en una cantidad infinita de combinaciones biológicas.

Pero ¿qué podemos hacer para preservar la naturaleza tal y como ha evolucionado hasta ahora, esto es, un sistema dividido en dos paquetes de puercoespines y prímulas, de coles y reyes? Rifkin declara que no podemos buscar ayuda en la ciencia porque esta es un monolito disfrazado de conocimiento objetivo, pero que en realidad refleja la ideología dominante de una nueva era tecnológica. Lo único que podemos hacer es adoptar una decisión ética que implique resacralizar la naturaleza, respetando la inviolabilidad de sus especies. Por primera vez en la historia, debemos decidir *no* institucionalizar la tecnología a pesar de sus atractivos beneficios inmediatos, sobre todo en los ámbitos de la medicina y la agricultura.

He dedicado toda mi carrera a la biología evolutiva, y he sido uno de los críticos más duros del darwinismo estricto, pero las afirmaciones de Rifkin no tienen nada que ver con mis observaciones y prácticas de los últimos veinticinco años. La teoría de la evolución nunca había sido tan emocionante ni había estado tan en forma. Estamos presenciando la fermentación de nuevas ideas y teorías que revisan y amplían el darwinismo en vez de enterrarlo. ¿Cómo puede ser que Rifkin construya un mundo tan diferente del que vivo y conozco tan bien? O yo estoy ciego o él está equivocado, y creo que puedo demostrar que su mundo es una invención que ha construido para validar sus esperanzas personales; lo haré analizando su conocimiento descuidado y el concepto erróneo que tiene de la ciencia. Mi crítica en relación con sus puntos de vista se puede resumir en cinco puntos:

1. Rifkin no entiende el darwinismo. Sus argumentos refutan una caricatura absurda, y no la teoría tal y como es. Saca a relucir caracterizaciones erróneas que acostumbran a estar relacionadas con el creacionismo. He aquí tres ejemplos de ello: Rifkin escribe que «según Darwin, todo evoluciona a través del cambio». El darwinismo es absurdo porque la complejidad de la vida celular no puede surgir por accidente. «De acuerdo con las probabilidades, el organismo unicelular es tan complejo que se calcula que la probabilidad de su unión por puro azar es de $1/10^{78438}$». Pero Darwin y los darwinistas siempre han insistido en que la selección no es una teoría de aleatoriedad. El azar puede describir el origen de una nueva variación por mutación, pero la selección natural, que es el agente del cambio, es un proceso convencional determinista que construye la adaptación preservando las variantes favorables.

Acto seguido, Rifkin degrada el darwinismo a la categoría de tautología; la aptitud se define por la supervivencia, con arreglo a la cual la expresión «la supervivencia del más apto» se reduce a «supervivencia de los que sobreviven», y por lo tanto no tiene ningún sentido. Darwin había resuelto este asunto definiendo la aptitud como una ventaja predecible antes del hecho, y no como el registro de la supervivencia *a posteriori* (como podríamos predecir las mejoras biomecánicas que podrían ayudar a las cebras a correr más rápido o a saber escapar de las maniobras de caza de los leones; en tal caso la supervivencia se convierte en una consecuencia verificable de un buen diseño).

Rifkin cree que el darwinismo es absurdo porque «la selección natural no deja espacio para las consideraciones a largo plazo. Si un nuevo rasgo no es útil, se descarta». Pero en tal caso, ¿cómo puede la selección natural explicar el origen de las alas de los pájaros si las formas intermedias no pueden volar? ¿De qué sirve el 5 % de un ala? El biólogo británico Saint George Jackson Mivart desarrolló esta crítica en 1871 en la polémica acerca de «los estadios incipientes de estructuras útiles». Darwin se enfrentó al desafío añadiendo un capítulo a la sexta edición de *El origen de las especies*. No es que haya que estar de acuerdo con lo que dice, pero hay que saber que la polémica existió. Lo que proponía es que los estadios intermedios tenían diferentes funciones: las plumas de un ala incipiente podían funcionar como órganos excelentes de termorregulación (un problema especialmente importante en los dinosaurios más pequeños, cuyo linaje evolucionó hasta las aves).

Rifkin tampoco muestra mucha comprensión hacia los argumentos acerca de la geometría evolutiva. Considera que la existencia del *Archaeopteryx* ha sido refutada como conexión intermedia entre los reptiles y las aves porque se han encontrado en las rocas aves de verdad que habían vivido en la misma época. Pero la evolución no es una escalera sino un arbusto que se ramifica, de manera que los ancestros pueden sobrevivir a la extinción de sus descendientes. Los perros evolucionaron de los lobos, los cuales (aunque estén en peligro) siguen existiendo. También una especie de *Australopithecus* convivió con su *Homo* descendiente durante más de un millón de años en África.

Rifkin tampoco comprende las críticas actuales al darwinismo estricto. Caricaturiza mi teoría del equilibrio puntuado como una respuesta repentina a la catástrofe ecológica: «La idea es que los acontecimientos catastróficos dieron lugar a mutaciones genéticas monstruosas en las especies existentes, y la mayoría fueron letales. Sin embargo algunas de ellas consiguieron sobrevivir y se transformaron en precursoras de nuevas especies». Pero, como hemos subrayado siempre Niles Eldredge y yo, la teoría del equilibrio puntuado trata de la especiación ordinaria (de decenas de miles de años) y su aparición abrupta en pequeñas escalas de resolución geológica, y no de catástrofes ecológicas y cambios genéticos repentinos.

Parece ser, pues, que Rifkin no entiende ni los fundamentos del darwinismo ni las críticas actuales, ni siquiera mucho menos la topología básica del árbol de la evolución.

2. Rifkin demuestra que no entiende las normas y los procedimientos de la ciencia. Apenas comprende qué es la ciencia y cómo trabajan los científicos. No deja de perder de vista la distinción entre los hechos (afirmaciones acerca del contenido empírico del mundo) y la teoría (ideas que explican e interpretan los hechos), de modo que utiliza argumentos de un reino para refutar el otro. En contra del darwinismo (una teoría de mecanismos evolutivos) cita *Implications of Evolution*, del psicólogo británico Gerald Kerkut, un libro escrito para refutar la afirmación fáctica de que todas las criaturas vivas tienen un antepasado común, así como para constatar que la vida pudo haber surgido varias veces de precursores químicos, algo que el darwinismo no contemplaba. (Los abogados creacionistas me retaron con la misma tergiversación en el interrogatorio del caso *equal time* que se celebró en Arkansas hace diez años.) Rifkin sugiere entonces que la evolución como disciplina tiene que considerarse una pseudociencia, si se tiene en cuenta la opinión crítica que

tiene de ella el zoólogo francés Pierre-Paul Grassé (puede que la teoría de la selección natural no sea correcta, pero Grassé dedicó toda su vida a estudiar los hechos de la evolución).

3. No respeta los procedimientos de una disputa justa. Usa todas las triquiñuelas dialécticas para trivializar y deformar el punto de vista contrario e iluminar sus declaraciones dudosas. He aquí algunos ejemplos:

La *sinécdoque* (intentar refutar una noción general citando un solo ejemplo pobre para ilustrarlo). Sugiere que la ciencia no sabe nada acerca del árbol evolutivo de los caballos y vende humo al público («el gran salto del caballo», lo llama) porque una exposición celebrada en 1905 en el Museo Americano de Historia Natural organizaba los fósiles de caballos según el tamaño, y no por su genealogía. Es cierto, Jeremy, que fue una exposición pésima, pero podrías leer el libro *Horses* de George Gaylord Simpson para comprobar qué es lo que sabemos realmente.

Las *citas a medias* (detenerse en mitad de una cita para que parezca que el oponente está de acuerdo contigo, o que lo ridiculice). Rifkin me cita en la polémica acerca de los estadios intermedios de estructuras útiles de que hablábamos unos párrafos antes: «Stephen Jay Gould, de Harvard, se planteó el dilema cuando hizo la siguiente observación: "¿Para qué sirven la mitad de una mandíbula o la mitad de un ala?"». Es cierto que expuse el dilema, pero a esa cita le seguía todo un ensayo que defendía la conclusión de Darwin, basada en las diferentes funciones en los estadios intermedios. Rifkin debió haber mencionado el verdadero asunto sin citarme. Entonces Rifkin cita una frase famosa de Darwin como si se tratara de la confesión de impotencia del gran hombre: «El mismo Darwin no se lo podía creer, aunque fuera su propia teoría la que anticipaba esta proposición. Dijo: "Confieso abiertamente que suponer que el ojo, con todos sus artificios inimitables [...] pudo haberse formado por la selección natural parece una absurdidad insuperable"». A Rifkin se le olvida decir que Darwin continúa esta afirmación con una de las partes más brillantes de su obra: la documentación de cómo gradúa la naturaleza los pasos intermedios que van desde un ojo del tamaño de la cabeza de un alfiler a los nuestros, así como la afirmación de que el poder de las nuevas teorías reside en gran medida en su habilidad para resolver anteriores absurdos.

Refutar lo que tus contrincantes no han defendido nunca. En la década de 1950, Stanley Miller hizo un famoso experimento en el que sintetizó los aminoácidos de los supuestos componentes de la atmósfera terrestre original. Rifkin describe el experimento de Miller dándole un bombo exagerado: «Se informó a todo el mundo, con gran fanfarria, de que por fin los científicos habían conseguido crear vida a partir de la no vida: el sueño que los magos, brujas y alquimistas tenían desde tiempos inmemoriales». Acto seguido señala que en realidad el experimento no había servido para eso, y que entre un aminoácido y la vida hay un trecho inmenso. Pero Miller no dijo nunca que hubiera creado vida. El experimento aparece en todos los manuales como una demostración de que algunos componentes simples de sistemas vivos se pueden crear a partir de productos químicos inorgánicos. Me enseñaron esta interpretación hace veinticinco años, y llevo quince enseñándola. Ni una sola vez a lo largo de mi carrera profesional he oído a científico alguno decir que Miller ni nadie más haya creado vida a partir de la no vida.

Refutar lo que tu contrincante ya refutó hace mucho tiempo. Rifkin dedica toda una parte del libro a ridiculizar la evolución porque sus defensores propusieron una «ley biogenética» que afirmaba que los embriones repiten los estadios adultos de sus antepasados (una ley totalmente descartada en la actualidad). Pero los evolucionistas darwinianos refutaron esta ley hace más de cincuenta años (la buena ciencia se corrige a sí misma).

4. Rifkin ignora los procedimientos más elementales de la erudición. Su libro, publicitado como un importante informe conceptual acerca de la naturaleza de la ciencia y la historia de la biología, muestra una penosa ignorancia del tema. Sus citas provienen básicamente de fuentes secundarias ya viejas y desacreditadas (incluyendo propaganda creacionista). No hay ningún indicio de que haya leído la obra de Darwin directamente. Como es obvio, tampoco sabe nada (o, al menos, elige no mencionar en absoluto) los trabajos más destacables de la escuela darwinista que han escrito los historiadores modernos. Su lista interminable de citas erróneas o citas a medias está extraída en su mayoría de fragmentos de fuentes secundarias críticas con el darwinismo.

Muchas veces su prosa es grandilocuente en la peor tradición periodística. Cuando refuerza afirmaciones inventadas con descripciones sobrecogedoras puede llegar a crear un efecto muy divertido. En cierto momento menciona la invocación de T. H. Morgan del argumento tautológico de la que hablábamos antes: «Hasta que Morgan no empezó a sospechar que la selección natural era víctima de un razonamiento circular, la comunidad científica no se había ni consensuado qué podía considerarse una verdad profunda [...] así que supuso un gran choque para ellos». Y yo me pregunto: ¿cómo lo sabe? No cita ningún tipo de pruebas de que se produjera tal sobresalto, ni siquiera comentarios contemporáneos. Además, las citas de Morgan provienen de fuentes secundarias. De hecho, todo el argumento de Rifkin es simple y llanamente erróneo. La discusión tautológica empezó en la década de 1870, así que Morgan no se la inventó... y, en mi opinión, Darwin ya había presentado una refutación válida cuando Morgan todavía era un bebé. Es más, Morgan no era ningún noble caballero que saliera a luchar contra la institución monolítica darwiniana; cuando escribió su crítica, la selección natural era una teoría minoritaria e impopular entre los evolucionistas (y la marea no jugó en favor de Darwin hasta finales de la década de 1930). En todo caso, Morgan *era* el pensamiento establecido, y su crítica, por lo que sé, no chocó a nadie ni provocó ningún comentario relevante.

5. *Algeny* está lleno de errores simples y ridículos. Uno de mis favoritos es el relativo a la estancia de Darwin en las islas Galápagos. Después de hablar de las «grandes masas» de buitres, cóndores, murciélagos vampiro y jaguares que vio Darwin en esas islas, Rifkin escribe: «Era un escenario salvaje y primitivo, amenazante en cada detalle. Había derramamientos de sangre por todas partes, y una batalla feroz e infatigable por la supervivencia. El aire era húmedo y sucio, y el espeso hedor de la ceniza volcánica velaba las islas con una especie de cortina macabra». Bueno, yo diría que Rifkin no ha estado nunca allí, y que además no se ha molestado en leer nada sobre estas fascinantes islas. Ninguno de los animales citados vive en las Galápagos, que no albergan ningún depredador terrestre, motivo por el que los animales no tienen miedo de los humanos, así que, cuando te acercas, no se van. Las Galápagos son especiales precisamente porque, como ya apuntó Darwin, no son escenas del *bellum omnium contra omnes* (la guerra de todos contra todos) de Hobbes. Y de paso, tampoco hay cortinas macabras (ni ahora ni cuando estuvo Darwin); los paisajes volcánicos son preciosos, tranquilos y pacíficos.

En resumen, Rifkin se ha puesto a sí mismo entre las cuerdas. Ha expulsado a sus aliados naturales mediante argumentos tontos y a veces deshonestos y caricaturas desagradables. Se ha cargado su preocupación legítima con un extremismo que proscribe la investigación científica humana y fascinante. Su informe legítimo habla en favor de la integridad de los organismos y las especies. Nuestro mundo se convertiría en un lugar desolado si tratáramos lo que está vivo como si se tratara de simples secuencias de información separables, desarticulables y recombinables en cualquier orden que le plazca al ser humano. Pero no creo que debamos renegar de toda la ingeniería genética por el hecho de que sus técnicas permitieran a Hitler llegar a los extremos de perversión e indecencia a los que llegó. En ese caso también habría que prohibir la imprenta por el hecho de que la misma máquina que compone Shakespeare también puede imprimir *Mi lucha*. La teoría del dominó no puede aplicarse a todos los logros de la humanidad. Si pudiéramos conferir una enfermedad o la resistencia al frío al cultivo de una planta transplantándole un gen bacteriano, ¿no tendríamos que hacer lo mismo en un mundo donde la gente sufre de malnutrición? ¿O es que sacar provecho de todo esto implica que el día de mañana el trigo y el maíz, los caballitos de mar y las orquídeas se meterán en un tonel gigante, se separarán en unidades genéticas y se reunificarán para formar filas interminables de sirvientes humanos idénticos? Si recombinamos algunas frases, el precio que hay que pagar por las hazañas tecnológicas es la vigilancia eterna.

En muchas ocasiones se ha descrito (falsamente) el debate sobre la ingeniería genética como una de las batallas más cruentas entre la política de izquierdas y la de derechas (y aquí las izquierdas representan la oposición, y las derechas los que quieren seguir adelante). Pero como la mayoría de los problemas, no es tan simple. La izquierda no tiene por qué temer esta tecnología si se usa en beneficio del común de la población en vez de hacerlo en el de unos pocos empresarios. Yo mismo abogaría por su uso razonable y no por su abolición. Si el argumento de Rifkin encierra una antítesis, esta tiene más que ver con el romanticismo (en su forma antiintelectual más peligrosa) frente al respeto por el conocimiento y su uso humanitario que con un debate de izquierdas contra derechas. Tanto por su contenido como por la presentación, *Algeny* pertenece a la empresa sórdida de la anticiencia. Hay pocas campañas tan peligrosas como las llamadas emocionales a la proscripción en vez de al pensamiento.

He sido muy duro porque creo que Rifkin ha causado un serio perjuicio a una causa que tanto yo como la mayoría de mis colegas de oficio consideramos muy importante. Rifkin nos ha puesto más allá de los límites de la decencia argumentando que los paradigmas científicos son simples expresiones de prejuicios socialdemócratas; que la biotecnología implica (e impondrá) un nuevo punto de vista acerca de la función de los organismos como cadenas de información separable (y no conjuntos de integridad inviolable), y que al final todos los científicos harán piña con esta despiadada idea. Pues bien, señor Rifkin, ¿quién estará de su parte? ¿Dónde encontrará aliados en la lucha por el respeto de los linajes evolutivos? Nos ha rechazado y nos ha maldecido, pero estamos con usted. Somos taxonomistas, ecologistas y evolucionistas (en su mayoría darwinianos). Hemos dedicado nuestras vidas al estudio de las especies en sus hábitats naturales. Hemos luchado para entender la impresionante construcción y la manera de obrar de los organismos que tanto admiramos, producto de historias evolutivas complejas, sensacionales cascadas de improbabilidad que se remontan a hace millones de años. Conocemos estos organismos, y los amamos tal y como son. No disolveríamos esta obra de cuatro mil millones de años para satisfacer la arrogancia de una sola especie. Respetamos la integridad de la naturaleza, señor Rifkin. Pero a sus argumentos les falta integridad. Y eso sí que es deplorable.

18

EL DETECTOR DE CHARLATANES*

Hace tan solo una década, en los días embriagadores en que los psicólogos creían que habían descubierto las capacidades conceptuales de los simios enseñándoles el lenguaje de signos estadounidense, uno de los investigadores más relevantes me confesó que a su chimpancé no le enseñaría uno de los elementos clave: el hecho de su propia e inevitable muerte. Ningún otro animal, me explicaba, entendía el más terrible de todos los hechos, y él había tenido terribles visiones en las que su mono instruido difundía las malas noticias con signos a todo el reino chimpancé.

Desde que asumimos este hecho como la consecuencia más desgraciada de tener un cerebro desarrollado, hemos hecho todo lo posible por mitigar su doloroso mensaje. Me acordé de esto hace poco cuando canté el gran motete de Bach *Jesu meine Freude* y llegó al momento sublime de la fuga, el trabalenguas más terrible acerca de Dios: *Sie aber seid nicht fleischlich, sondern geistlich* (No estás hecho de carne, sino de espíritu). La mayor parte de los trabajos filosóficos, religiosos, sobre el arte o sobre la música existen para lamentarnos por nuestra mortalidad o para argumentar una continuidad espiritual que nos permita aceptar nuestro declive físico y la inevitable decadencia del cuerpo.

Mucho antes de que el empresario circense P. T. Barnum

* Reseña de *Science: Good, Bad, and Bogus*, de Martin Gardner.

formulara la ecuación correcta entre el nacimiento de imbéciles y el paso del tiempo («Cada minuto nace un imbécil»), la búsqueda legítima de consuelo ha tenido como contrapartida el enorme mundo subterráneo de la charlatanería y los disparates acerca de los fenómenos ocultos. En él podemos buscar tanto la comunicación directa con las almas del más allá (espiritismo) o del presente (la telepatía y otras formas de percepción extrasensorial), como inventarnos un reino superior e independiente de las fuerzas espirituales y esperar poder conectar aprovechando sus poderes (psicoquinesia) o vivir con arreglo a sus leyes (astrología).

Además (¿y en virtud de qué otro elitismo pretencioso podríamos razonar?) el ocultismo siempre ha estado de moda, tanto en los elegantes círculos intelectuales como en los libros de bolsillo de los supermercados o del *National Enquirer*. Hace unos años escribí al director de la librería Harvard Coop para quejarme de que habían cambiado de sitio la sección de libros científicos de bolsillo y ahora estaba en otra planta, en un sitio mucho menos visible, y que en su lugar habían puesto una importante sección de astrología y ocultismo. Me contestó que no habían eliminado la sección de libros científicos, sino que se habían limitado a reubicarla de una forma que reflejaba la «realidad de las ventas». Le respondí que nunca había puesto en cuestión sus motivos, pero que había escrito para protestar. Habíamos llegado a un callejón sin salida.

En estas circunstancias, el racionalismo acosado necesita a sus polemistas expertos; escritores que combinen ingenio, análisis a fondo, prosa aguda y razonamientos dulces con una amplitud de miras que borre las majaderías sin frenar la innovación, y que dé una imagen positiva de la humanidad y los aspectos emocionantes de la ciencia, en vez de los (y cito las inmortales palabras con que el señor Agnew se refirió al señor Safire) «virreyes charlatanes del negativismo».

Durante más de treinta años Martin Gardner ha interpretado este papel ingrato con una eficiencia incansable y que rara vez se ha teñido de mal humor. Es mucho más que un individuo que lucha por sus propias causas; se ha convertido en un inestimable experto a escala nacional. Y como los expertos necesitan antologías, doy la bienvenida a esta recopilación de sus escritos que van de 1950 a 1980.

El sustrato que nutre la literatura de lo oculto es nuestro deseo de creer. El anhelo de encontrar un significado fácil a las cosas o alcanzar la inmortalidad no se puede vencer a través de argumentos lógicos. Pero el ocultismo también recibe el apoyo de dos fuentes más que pueden atacarse con éxito. Y Gardner trabaja justamente en el terreno de estas dos fuentes, en las que tiene más posibilidades de salir bien parado.

Primero, la candidez humana tiene un valor efectivo que permite a los manipuladores expertos hacer muchísimo dinero. Por cada investigador parapsicólogo sincero (aunque ingenuo) hay diez charlatanes que hacen un mal uso del arte de la magia en el escenario para aumentar su prestigio y el dinero de sus bolsillos. Los verdaderos magos, desde el gran Houdini al increíble Randi, han expuesto laboriosamente los datos relativos a la percepción extrasensorial como trucos de su profesión. Y aun así, la voluntad de creer es ilimitada, y los verdaderos discípulos arguyen que, aunque sus mentores hagan trampas a veces, no cabe duda de que tienen poderes espirituales. Arthur Conan Doyle escribió un libro sobre la existencia de las hadas, y se mantuvo firme en su punto de vista aun después de que se hubiera demostrado que su caso más famoso se basaba en unas fotografías trucadas. (Gardner sugiere, en un divertidísimo ensayo, que Sherlock Holmes no habría permitido que un hombre así escribiera sus memorias.) Pero, sin tener en cuenta a los verdaderos creyentes, las numerosas y persistentes falsedades son un buen argumento para que, como mínimo, extrememos nuestras precauciones y escepticismo.

Segundo, con frecuencia la candidez general de los científicos se ve reforzada por la arrogancia que supone proclamar que una persona experta en la observación y la experimentación tendría que poder decidir si un hombre posee un poder psíquico real o está llevando a cabo una actuación magistral de magia. La mayoría de los mortales respetan el arte de los magos y están predispuestos a que los engañen. (Yo no soy capaz de descifrar los trucos de cartas más fáciles y me incluyo firmemente en este grupo de personas.) Otros científicos creen que sus conocimientos detectarán cualquier truco (y lo cierto es que se les puede engañar). Gardner, que es un consumado mago *amateur*, muestra cómo los Uri Geller de este mundo recurren a puestas de escena mágicas (no necesariamente con mucho talento) para echarse unas risas con la fraternidad de magos a costa de los científicos arrogantes, y por desgracia como pretexto para encubrir la irracionalidad bajo el disfraz de simple falsificación.

Dado que los científicos pedimos una y otra vez que se reconozca nuestro talento, lo mínimo que podríamos hacer es respetar otras disciplinas igualmente exigentes, y no mirar al resto por encima del hombro por el hecho de que les vaya bien encima de los escenarios, y no en el ámbito académico. Si cada parapsicólogo siguiera la norma de incluir siempre un mago profesional en las pruebas que se realizan a quienes afirman tener poderes extrasensoriales, se podrían salvar millones de dólares, miles de horas, y cientos de reputaciones. Asimismo, si los psicólogos que intentan enseñar el lenguaje de los signos a los chimpancés se hubieran molestado en consultar a los verdaderos profesionales de la materia (los grandes domadores de circo), podrían haberse evitado aparatosas (y, ahora, increíblemente aparatosas) afirmaciones acerca de la conceptualización y la conciencia que en la actualidad parece ser que surge de la sugestión inconsciente humana y la simple coincidencia.

Walt Whitman nos exhortó a «sacar mucho partido de lo negativo y de la simple luz del día y de los cielos». Es fácil desprestigiar a los demás desde la tribuna empírica en que se encuentra la ciencia; ser altivo, excluyente y negativo sin dar concesiones. El reto consiste en preservar la luz en medio de la excoriación, para que no se pueda decir con mucha frecuencia que los charlatanes pueden considerarse chiflados, y los chiflados, genios. Todos los detractores bien informados deben llevar esta cruz: estar abiertos a las chifladuras honestas y desenmascarar los fraudes sin piedad, y aun así aceptar las acusaciones de todos los contrincantes, aunque sean falsas, de ser los peones de una institución opresora que trata de ocultar las verdades clamorosas a un público sediento.

La naturaleza expansiva de la desacreditación que lleva a cabo Gardner encuentra una muy buena plasmación en uno de los mejores ensayos del libro: un tratado sobre el *Ars Magna* del místico catalán del siglo XIII Ramon Llull. Llull intentó difuminar la distinción entre verdad teológica y verdad filosófica, y demostrar que incluso los misterios más profundos de la cristiandad pueden probarse con argumentos lógicos. Desarrolló un sistema y un conjunto de dispositivos geométricos para generar las posibles combinaciones de fuentes de verdad. Su época, por ejemplo, reconocía siete virtudes, siete vicios y siete planetas (el sol, la luna y cinco planetas visibles de una cosmología anterior). Llull construyó una rueda con tres círculos concéntricos, cada uno de ellos dividido en siete partes iguales, y todas ellas capaces de girar libremente alrededor de un centro común. Se pueden generar todas las combinaciones posibles de los siete elementos, tomados de tres en tres, haciendo girar las ruedas en todas las posiciones. Como dice Gardner, Llull creía que «agotando todas las combinaciones de principios uno puede explorar todas las estructuras posibles de verdad y así obtener el conocimiento universal».

Es probable que Llull transgrediera el límite entre perspicacia y chifladura; o al menos eso hicieron sus discípulos dogmáticos. Es fácil generar las combinaciones, pero ¿quién es capaz de interpretar su ambiguo significado? De todas formas, como el pensamiento tangencial que surge de la combinación de artículos inesperados es más un componente de creatividad muy importante que una deducción lógica, los métodos de Llull tienen mucho que enseñarnos y puede que incluso sus pequeñas máquinas tengan alguna utilidad. Gardner insiste en que la importancia de Llull no reside en su excursión alrededor de la curva, sino en su esfuerzo honesto por legitimar unas ideas a partir de métodos poco usuales.

El libro de Gardner tiene también sus problemas. La denuncia exige la repetición paciente y constante, pero algunos temas aparecen demasiadas veces en los distintos ensayos. A esta crítica debo añadir el círculo vicioso del arte de Gardner: la victoria hace que el tema en cuestión sea irrelevante. El profeta de ayer es el impostor de hoy. A quién le importa Uri Geller si todos sabemos (creo) que es un timador experto y un mago mediocre. Un Uri Geller nos hace gracia; una docena de ellos empiezan a cansar.

Además, aunque no culpo a Gardner por obedecer las normas no escritas del gremio de los magos, es frustrante que te digan que alguien engañó a todo un grupo de científicos eminentes con un truco simple y conocido por todos los profesionales, para luego tener que pasar por la absurda tradición de que los magos nunca cuentan sus trucos. Podría entenderlo si la magia fuera un arte arcano regulado estrictamente por sus devotos y no revelara nunca sus secretos a los extraños bajo pena de ostracismo perpetuo o condena a muerte. Pero hay muchos libros y panfletos en plan «cómo hacer...», aunque pocos de nosotros los tengan en sus estanterías como posibles referencias mientras leemos este libro. Puede que Gardner haya aliviado nuestra frustración mostrándose un poco más próximo.

Por último, dentro de la categoría «debería ser una ley», me gustaría quejarme de una pequeñez que sin embargo considero importante: el libro no tiene índice. En los malos viejos tiempos, el índice era una lista de libros prohibidos. Ahora que estamos en una época más abierta, ¿cabría la posibilidad de prohibir los libros sin índice?

Aplaudimos el desenmascaramiento de los canallas y adoptamos un placer de *voyeur* en la declaración de locura de nuestros compañeros. Aun así, puede que mucha gente vea el desprestigio del ocultismo y lo paranormal como ejercicios marginales, aunque la mayoría de la gente sea capaz de localizar más planetas en el horóscopo que en los planetarios (maravilla de maravillas) o incluso en el mismo cielo. Creo que hay dos razones para considerar el fracaso de las facultades críticas y la decisión de aceptar la esperanza improbable como algo más trágico que divertido.

La primera es que la vida es corta y los recursos generalmente escasos. Puede que sea culpa suya, pero ¿qué dice la gente cuando se levanta después de veinte años de carrera para averiguar que ha perdido el tiempo en una quimera alimentada por el fraude? Y ¿qué hay de la gente que invierte sus esperanzas más profundas (y gran parte de su dinero) en esquemas atolondrados de iluminación espiritual o continuidad? (Véanse el conocimiento de las fuerzas físicas o los pequeños amigos de color verde que van en sus ovnis, o información directa del tío George desde el más allá.)

La densidad del fraude y los sinsentidos de la parapsicología llevan a los científicos críticos y a los más exigentes a alejarse de un tema que muestra grietas en sus enormes promesas. Al fin y al cabo, la llamada percepción extrasensorial no es imposible *a priori* (como no deja de apuntar Gardner), pero ¿quién quiere invertir unos años preciosos de investigación en un área en la que abundan unos fraudes que no son tan fáciles de detectar a través de los métodos ordinarios de la ciencia? (Mis caracoles esconden sus secretos, pero no mienten, y, si lo hicieran, sabría cómo desenmascararlos.) Irónicamente, los tontos y los farsantes guardan sus barcos en el mismo puerto. Un colega me dio el siguiente ejemplo. Supón que en una raza de gente ciega naciera un hombre con ojos. Llega a un pueblo y pregunta a sus habitantes: «¿Es potable el agua de la laguna que hay como a un kilómetro de aquí?». «¿Cómo sabes que allí hay una laguna?», le preguntan, suspicaces. «Porque la estoy viendo», responde el hombre. Puede que existan videntes dotados de extraños talentos, pero ¿cómo vamos a distinguirlos en medio de tanta charlatanería?

La segunda razón es que si podemos trazar una línea entre el genio y el loco, también podemos trazar (por desgracia) otra que separe al loco del demagogo. Cuando la gente no aprende ningún tipo de herramientas de juicio y se limita a hacer caso de sus esperanzas, se siembran las semillas de la manipulación política. Pensemos en la actual pesadilla de mi propia profesión: el renacimiento del creacionismo. Las creencias de algunos creacionistas son tan ridículas que nos hacen caer en la tentación de despacharlas con una carcajada. Pensemos, por ejemplo, en la llamada «geología diluvial» que defiende la mayoría de los creacionistas que hay hoy en día en Estados Unidos, y que defiende que todos los estratos geológicos (sin excepción) de fósiles que encontramos en secuencias por todo el mundo son producto de un único acontecimiento: el diluvio de Noé y sus precipitaciones. Entonces, ¿por qué no hemos encontrado en ningún sitio dinosaurios y mamíferos gigantes en los mismos estratos? ¿Por qué los trilobites no están nunca con los mamíferos, sino que siempre están en un estrato inferior? Se podría aducir que los tontos dinosaurios no tenían tanta capacidad de esquivar el agua como los listos mamíferos, y que Dios los enterró primero. O afirmar que los trilobites, como habitantes del océano, fueron sepultados antes que los mamíferos terrestres. Pero ¿por qué no los encontramos nunca junto a las ballenas? Seguramente algún elefante retrasado estaría con los dinosaurios, o puede que algún trilobite valiente nadara durante treinta y nueve días y ganara exaltado un lugar junto a los mamíferos en la litera de arriba.

Pero no nos lo tomemos a risa. El creacionismo puede tener sus raíces en el populismo de los indígenas americanos, pero sus explotadores y recaudadores son evangélicos de derechas para los que la interpretación literal del Génesis no es más que otro punto de un programa político que también prohíbe el aborto y quiere volver al antiguo patriarcado enmascarado bajo el disfraz de lucha por salvar a las familias estadounidenses. Los programas políticos requieren respuestas políticas, pero ¿podremos sobrevivir sin el razonamiento crítico?

NOTAS

1. ¿CÓMO VIVE EL PANDA?

1. Véase mi libro *El pulgar del panda*, Barcelona, Crítica, 2006.
2. Geoffroy fue el morfologista estructural más importante de Francia durante el siglo XIX. Luchó contra muchos adaptacionistas de su tiempo. Me parece muy apropiado que esta advertencia tan general viniera de un hombre tan dedicado a deshacer los prejuicios que causó el adaptacionismo.

2. DARWINISMO DE CARTÓN PIEDRA

1. Véase el capítulo 7.
2. E. O. Wilson, en *The New York Times Magazine*, 12 de octubre de 1975.
3. Para un análisis de este problema, véase: S. J. Gould y E. S. Vrba, «Exaptation – a missing term in the science of form», en *Paleobiology*, vol. 8, 1982, pp. 4-15.
4. Niles Eldredge y S. J. Gould, «Punctuated equilibria: An alternative to phyletic gradualism», en T. J. M. SCHOPF (ed.), *Models in Paleobiology*, Freeman, Cooper & Co., 1972, pp. 82-115.

   —, «Punctuated equilibria: The tempo and mode of evolution reconsidered», en *Paleobiology*, vol. 3, 1977, pp. 115-151.
5. A. J. Cain, «Introduction to General Discussion», en *Proc. Roy. Soc. London*, vol. 205, 1979, pp. 559-604.
6. D. M. Raup *et al.*, «Stochastic Models of Phylogeny and the

Evolution of Diversity», en *Journal of Geology*, vol. 81, 1973, pp. 525-542; D. M. Raup y S. J. Gould, «Stochastic Simulation and Evolution of Morphology: Towards a Nomothetic Paleontology», en *Systematic Zoology*, vol. 23, 1974, pp. 305-322, y S. J. Gould *et al.*, «The Shape of Evolution: A Comparison of Real and Random Clades», en *Paleobiology*, vol. 3, 1977, pp. 23-40.

7. J. Maynard Smith, *The Evolution of Sex*, Cambridge, Cambridge University Press, 1978; G. C. Williams, *Sex and Evolution*, Princeton, Princeton University Press, 1975.
8. S. J. Gould, «Of Kiwi Eggs and the Liberty Bell», en *Natural History*, noviembre de 1986.
9. Véase el capítulo 7 para una elaboración de este argumento.
10. C. Darwin, *The Origin of Species*, 1859, p. 197.

3. MALDITA MEMORIA

1. Darwin preparó la traducción al inglés de un extenso artículo en alemán de Ernest Krause sobre Erasmus Darwin, y escribió un prefacio a dicha traducción. Un buen ejemplo del alcance que tuvo la dedicación de Butler a su cruzada antidarwiniana es que aprendió alemán solo para poder comparar la traducción con el original de Krause. De hecho Butler encontró varios pasajes en la traducción que no aparecían en el artículo original, y creyó que Charles Darwin los había añadido para corroborar las objeciones que había manifestado en su *Evolution Old and New*. Como el artículo de Krause apareció antes que el libro de Butler, este adujo que el material añadido parecía condenar «anticipadamente» su libro, pero que en realidad el material se había añadido después, a modo de respuesta. Mandó una carta a Darwin exponiéndole su preocupación, y obtuvo la siguiente respuesta: «Poco después de la publicación de su artículo en *Kosmos*, el doctor Krause me dijo que quería editarlo en volumen aparte y alterarlo de manera considerable; el nuevo manuscrito se mandó

al señor Dallas para que lo tradujera. Es una práctica tan habitual que no se me ocurrió declarar que el artículo había sufrido modificaciones, pero ahora lamento no haberlo hecho». Aun así Butler no se dio por satisfecho y presentó su caso el 21 de enero de 1880 en el *Athenaeum* con una carta ofensiva. Darwin lo recibió con un silencio y Butler lamentó (en su libro *Unconscious Memory*, publicado más tarde, en 1880): «Me parecía entender que esta es una ocasión sin precedentes para el cinismo y la audacia con los cuales se cometió y preservó la queja equívoca». Si alguna vez ha existido una controversia que merezca el cliché de «hacer una montaña de un grano de arena», es esta.

2. Francis Darwin, *The Life and Letters of Charles Darwin*, Londres, John Murray, 1887, vol. 3, p. 220.
3. Robert K. Merton, «Resistance to the Systematic Study of Multiple Discoveries in Science», en *European Journal of Sociology*, vol. 4, 1963, pp. 237-282.
4. Las razones por las cuales Darwin se mostraba tan reticente no están claras. En parte, y de una manera legítima, no quería aliarse con las teorías de la evolución de sus predecesores, que consideraba insufribles e incluso estúpidas. Lamarck fue hábilmente rebatido por Lyell, el héroe de Darwin; por otra parte, Chambers, autor del anónimo *Vestiges of the Natural History of Creation*, fue ridiculizado por muchos científicos, entre los que se encontraba Huxley, por teorías tan extravagantes como la de la transformación en dos pasos de pájaro a mamífero a través de la intervención del ornitorrinco con pico de pato. Darwin creyó conveniente desmarcarse de los demás creyentes en el *hecho* de la evolución para ganar apoyo a su teoría original de la selección natural y sus mecanismos. Sin embargo, Darwin sí que atesoró la noción de prioridad y quizá la reivindicó con demasiado celo. En 1859 escribió a Hooker: «Siempre me ha dado la impresión de que nadie ha defendido mejor sus propias prioridades. Reconozco que este asunto no me es tan indiferente como debería».
5. B. Glass, O. Temkin y W. L. Strauss, Jr., eds., *Forerunners of*

Darwin: *1745-1859*, Baltimore, John Hopkins University Press, 1959.

6. Véase su *Autobiography* publicada en F. Darwin, nota 2, y en varias ediciones por separado.
7. E. D. Kohn, *Charles Darwin's Path to Natural Selection*, tesis doctoral, Universidad de Massachusetts, 1975; C. LIMOGES, *La sélection naturelle: étude sur la première constitution d'un concept*, París, Presses Universitaires de France, 1970; E. Mayr, «Evolution Through Natural Selection: How Darwin Discovered this Highly Unconventional Theory», en *American Scientist*, vol. 65, 1977, pp. 321-328; H. E. Gruber, en Gruber y P. H. Barret, *Darwin on Man*, Dutton, 1974; S. S. Schweber, «The Origin of the *Origin* Revisited», en *Journal of the History of Biology*, vol. 10, 1977, pp. 229-316.
8. C. Zirkle, «Natural Selection Before *The Origin of the Species*», en *Proceedings of the American Philosophical Society*, vol. 84, 1941, pp. 71-123.
9. Véase mi artículo «The Rule of Five». [Hay trad. cast. en S. J. Gould, *La sonrisa del flamenco*, Barcelona, Crítica, 2008.]
10. El artículo original contenía dos párrafos más, demasiado tópicos para incluirlos, que harían de este libro un error editorial y una manera muy pobre de honrar la memoria y el trabajo de un hombre tan notable como fue Loren Eiseley.

4. EL FANTASMA DE PROTÁGORAS

1. Oxford University Press, 1976. [Hay trad. cast.: *El gen egoísta*, Barcelona, Salvat, 1994.]
2. Sewall Wright, «Genic and Organismal Selection», en *Evolution*, vol. 34, 1980, pp. 825-843.

5. EL PODER DE LA NARRATIVA

1. Véase mi libro *Time's Arrow, Time's Cycle*. [Hay trad. cast.: *La flecha del tiempo*, Madrid, Alianza, 1992.]

2. El último capítulo del libro de Rudwick contiene varios capítulos llenos de complejos diagramas que esbozan los diferentes puntos de vista y sus correspondientes soluciones, así como los roles de varios actores del drama. Habrá quien lea estas tablas como digresiones cliométricas, pero estarán malinterpretando la intención del autor; las tablas no son cuantitativas, puesto que su única escala es la cronológica. No es posible cuantificar la magnitud de una opinión cambiante, así que las tablas solo sirven como modelos pictográficos de los argumentos narrativos, concebidos de forma brillante como epítomes.

6. LA DIMENSIÓN PROFUNDA DEL TIEMPO Y EL MOVIMIENTO CONTINUO

1. Escribí esto en 1981, justo antes de que la revolución informática (y la posibilidad de reservar los asientos) llegara al sector aéreo. Ahora puedo dormir un rato más.
2. James Hutton, *Theory of the Earth*, *Transactions of the Royal Society of Edinburgh*, vol. 1.
3. Ibíd., p. 304.
4. Para un tratamiento más extenso de la visión del tiempo y la historia de Hutton, véase mi libro *Time's Arrow, Time's Cycle.* [Hay trad. cast.: *La flecha del tiempo*, Madrid, Alianza, 1992.]
5. Véase el apartado «De los antiguos sistemas geológicos» del famoso *Discours préliminaire* de 1812.

7. GENES EN EL CEREBRO

1. Por ejemplo, J. M. Smith y N. Warren, «Models of Cultural and Genetic Change», en *Evolution,* vol. 36, 1982, p. 620.
2. Véanse sobre todo los capítulos 10 y 16.

8. EL ÚLTIMO POSTULADO DE JENSEN

1. A. R. Jensen, «How Much Can We Boost IQ and Scholastic Achievement?», en *Harvard Educational Review*, 1969, 39, pp. 1-123.
2. L. S. Hearnshaw, *Cyril Burt, Psychologist*, Ithaca, Cornell University Press, 1979.
3. L. J. Kamin, *Ciencia y política del cociente intelectual*, Madrid, Siglo XXI, [s. a.]. Véanse también los artículos de R. C. Lewontin, J. Hirsch y D. Layzer, en N. J. Block y G. Dworkin (eds.), *The IQ Controversy*, Nueva York, Pantheon, 1976.
4. *Time*, 24 de septiembre de 1979, p. 49, y *Newsweek*, 14 de enero de 1980, p. 59. También leí varias revistas especializadas después de la aparición del artículo, y en ninguna de ellas había ni rastro de la falacia central.
5. Mi libro *La falsa medida del hombre* (Barcelona, Crítica, 2007) presenta la primera explicación popular del análisis factorial en relación con la historia de los tests de facultades mentales. En toda mi carrera nunca había tenido tantas dificultades para interpretar un tema técnico en palabras que todos podamos entender. Lo conseguí (si lo hice) solamente porque encontré una manera geométrica (y, por lo tanto, ilustrada) de mostrar las fórmulas de álgebra matricial. Esta discusión sigue la misma estrategia y fue el prototipo para mi posterior elaboración.
6. C. Spearman, «General Intelligence Objectively Defined and Measured», en *American Journal of Psychology*, 1904, vol. 15, pp. 201-293.
7. Técnicamente, un componente principal no es lo mismo que el primer eje de un análisis factorial realizado en la orientación de los componentes principales. En mi diagrama, trabajo en dos dimensiones, coloco dos ejes y resuelvo toda la información. Esto se denomina análisis de componentes principales. En análisis factoriales válidos, uno decide de antemano abandonar cierta información y trabajar en un espacio de dimensiones más reducidas. Pero el componente principal y el eje de la orientación del primer factor en componentes principales

juegan el mismo rol conceptual y difieren solo en la manera de calcularlo: ellos son los ejes que «mejor se ajustan», ya que resuelven más información en un conjunto de vectores que cualquier otro.

8. L. L. Thurstone, *The Vectors of Mind*, Chicago, University of Chicago Press, 1935.
9. Los tiempos cambian (aunque la lógica de los argumentos es eterna). Escribí esto en 1980, y originalmente decía «mi edad y el precio de la gasolina».
10. Véase S. J. Gould, *La sonrisa del flamenco*, Barcelona, Crítica, 2008.
11. L. Manouvier, «Conclusions générales sur l'anthropologie des sexes et applications sociales», en *Revue de l'École d'Anthropologie*, 1903, vol. 13, pp. 405-423.

9. CULTIVANDO LA NATURALEZA

1. Por ejemplo, A. Chase, *The Legacy of Malthus*, Nueva York, Knopf, 1977; S. Chorover, *Del génesis al genocidio*, Barcelona, Orbis, 1987; S. J. Gould, *La falsa medida del hombre*, Barcelona, Crítica, 2007; Leon J. Kamin, *Ciencia y política del cociente intelectual*, Madrid, Siglo XXI.
2. R. C. Lewontin, *La diversidad humana*, Barcelona, Prensa Científica, 1984; Steven Rose, *The Conscious Brain*, Nueva York, Knopf, 1973; Leon J. Kamin, *Ciencia y política del cociente intelectual*, Madrid, Siglo XXI.
3. Véase mi ensayo «Moon, Mann and Otto», en S. J. Gould, *Dientes de gallina y dedos de caballo*, Barcelona, Crítica, 2008.

11. EL GENIO FRUSTRADO

1. Véase mi ensayo acerca de las teorías biológicas de Just, en S. J. Gould, *La sonrisa del flamenco*, Barcelona, Crítica, 2008.

12. EXULTACIÓN Y EXPLICACIÓN

1. «Homage to Santa Rosalia, or Why are There So Many Kinds of Animals», en *American Naturalist*, vol. 93, 1959, pp. 145-159.
2. Quiero agradecer a mi compañero Robert E. Cook el que compartiera conmigo sus ideas sobre la historia de la ecología en el siglo XX y el papel que jugó Hutchinson.
3. R. Lindeman, «The Trophic-dynamic Aspect in Ecology», en *Ecology*, vol. 23, 1942, p. 399.
4. Publicado en R. E. COOK, «Raymond Lindeman and the Trophic-dynamic Concept in Ecology», en *Science*, vol. 198, 1977, pp. 22-26
5. Observaciones definitivas en *Cold Spring Harbor Symposium in Quantitative Biology*, nº 22, 1957, pp. 415-27.
6. En su artículo seminal citado en la nota 1.
7. Henry S. Horn y Robert M. May, «Limits to Similarity Among Coexisting Competitors», en *Nature*, vol. 270, 1977, pp. 660-661.
8. *The Clear Mirror: A Pattern of Life in Goa and in Indian Tibet*, Cambridge, Cambridge University Press, 1963.

15. LOS PELIGROS DE LA ESPERANZA

1. También recurre al viejo arenque rojo en referencia a un falso conflicto entre la interpretación patente de la historia de la vida (que no niego, pero que no veo expresada como un progreso lineal) y la teoría darwiniana caracterizada como una invocación de puro azar. Si el darwinismo se basa en la pura casualidad, el argumento es válido, pero entonces no se puede interpretar la evolución y precisamos una fuerza (tal vez espiritual) que le dé sentido. Jastrow dice: «Si Darwin estaba en lo cierto, el hombre ha surgido de la tierra como el producto de una sucesión de casualidades que han ocurrido durante los últimos cuatro mil millones de años. ¿Puede ser esto verdad? ¿Es posible que el hombre, con sus sobresalientes poderes de inte-

ligencia y espíritu, se haya formado con el polvo de la tierra solo por azar?». El argumento, aunque venerable, es totalmente falso y se basa en una mala interpretación básica de Darwin. La teoría de la selección natural se acoge al azar solo como fuente de materia prima (mutaciones genéticas). La preservación, la acumulación y la concatenación de las mutaciones favorables, el *cambio* evolutivo en sí, son producto de la fuerza determinista y ordenadora de la selección natural. Si, como en la metáfora antediluviana, los monos escribieran al azar, nunca conseguiríamos llegar a la *Eneida* si en cada ensayo tenemos que empezar de cero. Pero si por alguna razón pudiéramos mantener las letras que nos revelan los lugares correctos y nos permiten empezar cada nuevo ensayo dispuestas correctamente en su lugar, tendremos finalmente el *«Arma virumque cano»* y todo lo demás.

2. *Technology and Culture*, vol. 8, nº 1.

16. UTOPÍA, S. L.

1. S. J. Gould, «Darwinism and the Expansion of Evolutionary Theory», en *Science*, vol. 216, 1982, pp. 380-387; S. J. Gould, «The Meaning of Punctuated Equilibrium and its Role in Validating Hierarchical Approach to Macroevolution», en R. Milkman (ed.), *Perspectives on Evolution*, Sinauer, Sunderland (Massachusetts), 1982, pp. 83-104; S. J. Gould y E. S. Vrba, «The Hierarchical Expansion of Sorting and Selection: Sorting and Selection Cannot Be Equated», en *Paleobiology*, vol. 12, 1986, pp. 217-228.

ÍNDICE ONOMÁSTICO Y DE MATERIAS